SCIENTIA

FÉVRIER 1902.

PHYS.-MATHÉMATIQUE

n° 18

GÉOMÉTROGRAPHIE

OU

ART DES CONSTRUCTIONS GÉOMÉTRIQUES

PAR

EMILE LEMOINE

TABLE DES MATIÈRES

PREMIÈRE PARTIE

BUT DE LA GÉOMÉTROGRAPHIE

DEUXIÈME PARTIE

AVANT-PROPOS

Il peut paraître étrange de trouver à la base de l'édifice géométrique que tant d'hommes de génie, tant de savants de toutes races et de tous pays se sont ingéniés à parfaire depuis plus de 2 000 ans, une chose aussi simple, aussi naturelle que l'idée d'où dérive la *géométrographie*, ayant cependant échappé à toutes les investigations. La géométrographie n'est, évidemment, qu'un détail dans l'ensemble géométrique, mais ce détail relie d'une façon si complète la pure spéculation aux applications qu'on en fait, qu'elle prend, je crois, un véritable intérêt au point de vue philosophique dans le tableau de la connaissance; c'est surtout à ce titre qu'elle a sa place parmi les publications de « *Scientia* » et, seule, la nouveauté absolue du sujet lui permet d'y figurer parmi des monographies qui traitent de matières d'un degré beaucoup plus élevé dans l'échelle de la science. La géométrographie n'a pas de racines dans le passé, aucune idée s'y rapportant d'une façon même lointaine n'a été semée, et c'est une rare bonne fortune que le hasard m'a dévolue, de traiter une matière vierge, n'ayant d'autre histoire que celle de mes mémoires depuis 1888, des notes qu'ils ont directement inspirées et des correspondances que j'ai échangées avec quelques géomètres amis qui, dès le début, se sont intéressés à la question et m'ont aidé par leur ingéniosité à lui donner la forme didactique sous laquelle je la présente aujourd'hui.

Une seule chose peut expliquer la naissance tardive de la géométrographie; mais, quand on y réfléchit, elle l'explique naturellement. Les géomètres grecs, aïeux directs de notre science géométrique, ne construisaient pas de figures, du moins ils n'en traçaient que sur le sable pour aider le raisonnement, et ne faisaient aucune épure. Point de tracés, même pour élever leurs monuments, si singulier que cela puisse nous paraître aujourd'hui [1]. A la renaissance des sciences en Europe, on a tout appris d'eux, ou de leurs disciples; nous nous sommes assimilé leurs découvertes en suivant leur méthode et nous avons reconnu si parfaites leurs spéculations que, lorsque le progrès a ouvert des horizons nouveaux, c'est seulement en avant que se sont faites les recherches; jamais on n'a eu la pensée que ce progrès même pouvait avoir comme résultat de découvrir, en retournant en arrière, tout au commencement de la géométrie, un sillon où il avait été impossible aux Grecs de mettre quelque chose, puisqu'ils n'avaient pas de liaison à chercher entre leurs spéculations et une pratique qui n'existait point. Des considérations générales sur la simplicité dans les mathématiques, présentées par moi en 1888, au Congrès de l'Association française pour l'Avancement des Sciences à Oran, m'ont amené, naturellement, à découvrir ce lien, lorsque j'ai voulu appliquer, comme exemple, mes idées aux constructions de la géométrie. La géométrographie a été ensuite plus développée peu à peu dans les mémoires du

---

(1) Les savants qui se sont occupés de la question sont d'accord sur ce point et l'on connaît la façon dont les Grecs opéraient; sans entrer ici dans des détails qui, d'ailleurs, ne sont point de ma compétence, je veux citer un fragment d'une lettre que M. Aug. Choisy m'a écrite à ce propos. « ..... sans nul doute, pour les anciens comme pour nous, le point de départ d'un projet d'architecture était un dessin géométral traduisant la pensée de l'artiste, le caractère qu'il voulait imprimer à son œuvre. Mais tandis que chez nous ce dessin est le projet tout entier, pour les anciens il n'était que la donnée initiale du projet. Au lieu de considérer ce dessin (ainsi que nous le faisons) comme une *épure* sur laquelle il suffit de mesurer les dimensions, les anciens ne lui empruntaient qu'une *première approximation* des cotes : les cotes lues sur le dessin, l'auteur les modifiait de manière à éviter les chiffres fractionnaires et à réaliser des combinaisons de nombres plus ou moins élégantes se rattachant à des idées théoriques sur les lois de l'harmonie. En un mot, le dessin ne donnait qu'une première approximation, c'est par des considérations purement arithmétiques que l'auteur fixait les cotes d'exécution.

« On peut se rendre compte de l'esprit de la méthode en se rapportant à l'analyse que j'ai donnée des proportions de la façade de l'arsenal du Pirée (*Etudes épigraphiques*, p. 37; *Hist. de l'Archit.*, t. I, p. 389) : un diagramme donne le tracé théorique qui a servi de point de départ; les développements qui accompagnent ce tracé expliquent les considérations arithmétiques qui ont servi à en déduire les cotes d'exécution. D'autres exemples non moins caractéristiques se trouvent dans les mémoires d'Aurès, et notamment dans sa belle étude sur le temple de Pestum..... »

Congrès de Pau (1892), Besançon (1893), Caen (1894) etc.; depuis je me suis efforcé de lui donner la forme didactique et d'en faire un corps de doctrine.

Deux géomètres m'y ont aidé, *dès l'origine*, d'une telle façon que leur *collaboration* est, en fait, à toutes les lignes du livre qui n'est signé que de moi. Ce sont MM. Evariste Bernès et Gaston Tarry. Mais il m'est impossible de faire, exacte ou même approximative, à chacun d'eux la part qui lui revient, en citant à tout instant les noms à côté du texte. Mon excuse est dans la façon tout à fait particulière dont cette collaboration s'est produite et qu'il faut au moins faire connaître, puisque c'est la seule manière de leur rendre, vis-à-vis des lecteurs, un semblant de justice.

Dès que, en 1888, j'eus, au Congrès d'Oran de l'Association française pour l'Avancement des Sciences, produit l'idée nouvelle d'où est sortie la Géométrographie, elle séduisit M. Gaston Tarry ; peu de temps après, mes notes sur le même sujet dans le *Journal de Mathématiques élémentaires* de M. de Longchamps, dans *Mathesis* attirèrent l'attention de M. Evariste Bernès et il s'établit rapidement entre eux et moi un échange de communications y relatives, dans une volumineuse correspondance quelquefois journalière. Toutes les solutions classiques ont été alors étudiées par nous trois, les constructions qu'on en déduisait mesurées à mon étalon ; je notais au fur et à mesure chaque perfectionnement trouvé, chaque solution nouvelle proposée et que je reconnaissais préférable aux précédentes ; chacun de nous simplifiait encore s'il le pouvait ce que l'autre avait fait et je classais dans un dossier le dernier résultat qui restait, jusqu'à nouveau progrès, la *construction géométrographique* de la question. Dans ces conditions il est impossible de détailler l'œuvre de chacun, il faudrait un historique pour chaque question ; aurais-je la place de le faire que je n'en serais même point capable ; je n'ai pas conservé la trace de toutes les modifications successives apportées à la plupart des questions et ma mémoire ne suffit pas pour la retrouver. Je ne donne donc ici que le résultat final ainsi obtenu ; il y en a, sans doute, qui seront encore simplifiées dans l'avenir, car si en géométrie nul ne peut dire : voici la démonstration la plus simple qu'il soit possible de donner d'un théorème, en géométrographie on ne peut affirmer davantage : voici la construction la plus simple qu'il soit possible de faire pour obtenir tel résultat. Comme exemple du genre de travail qui a été fait, je vais essayer de restituer les traits principaux de l'histoire de deux ou trois constructions.

1. *Tangentes communes à deux circonférences* — En 1888, au Congrès d'Oran, tout au début, analysant maladroitement une des constructions classiques, je trouvais 78 comme simplicité.

Je ne publiai rien de nouveau sur ce problème jusqu'en 1892 (Congrès de Pau), mais, pendant ce temps, avec des remarques personnelles, avec d'autres de M. Bernès, j'étais arrivé au coefficient 57 de simplicité (ou plutôt 56 d'après la rectification du mémoire de Besançon 1893). Dans le mémoire de Pau, j'étudiais aussi la construction déduite de l'autre solution classique du même problème par les centres de similitude et j'arrivais à 48 de simplicité (ou plutôt 49 d'après la rectification du mémoire de Besançon) que je réduisis à 47 dans le même mémoire. J'y ajoutais une construction de M. Tarry, très pratique, extrêmement ingénieuse et inattendue, déduite de principes tout différents de ceux des solutions classiques ; le coefficient de simplicité en était aussi 47. En considérant la figure formée par deux cercles et leurs quatre tangentes communes, qui a été fort peu étudiée en elle-même jusqu'ici quoiqu'elle jouisse de très nombreuses propriétés, j'ai été amené à un nouveau mode plus simple de construction de ces tangentes et je l'ai donné comme *construction géométrographique* dans la note sur la géométrographie qui se trouve à la fin de la 7ᵉ édition (1900) du *Traité de Géométrie* de MM. Rouché et feu de Comberousse avec le coefficient de simplicité 44. Depuis, M. Tarry en disposant plus habilement que moi le tracé, la réduisit à 40. Enfin, après la communication que je fis à M. Tarry d'une remarque sur la figure de ces tangentes communes, il m'adressa la construction que vous trouverez page 42 avec 36 comme coefficient de simplicité ; elle était donc la *construction géométrographique* du problème, au moment où j'ai remis ce manuscrit à l'impression. Mais depuis et presque en même temps chacun de leur côté, M. G. Tarry et le colonel Moreau, l'ont abaissée à 35. Après tant de recherches, c'est probablement un nombre définitif ; j'ajoute aussi ces nouvelles constructions dans le texte. De 78 comme simplicité exigeant le tracé de 17 droites et de 20 cercles, à 35 comme simplicité n'exigeant que le tracé de 7 droites et de 5 cercles, voilà le progrès obtenu.

2. *Mener la bissectrice de l'angle formé par deux droites qu'on ne peut prolonger.* — Par la construction classique donnée généralement et suivie à la lettre, on trouve 91 comme coefficient de simplicité; je la réduisis à 71, puis à 57, dans le mémoire d'Oran; après des avatars toujours analogues à ceux déjà cités, elle était (mémoire de Pau) réduite à 23; enfin dans le mémoire de Besançon elle trouva sa simplicité, géométrographique jusqu'ici, de 16 qui me fut envoyée par M. Tarry d'abord et presque en même temps par M. Bernès.

A duobus discete omnes. Je veux encore signaler, sans détails cependant, la détermination des *points doubles de deux figures semblables* où le dernier mot est resté à M. Bernès, ainsi que de nombreuses simplifications ou constructions entièrement nouvelles qu'il m'a données pour divers points relatifs au rapport harmonique et à l'homographie.

La première partie de ce travail comprend la *très courte* théorie proprement dite qui n'est, en somme, que l'indication de notations avec les conventions adoptées. Je tâche aussi de faire comprendre le but précis que se propose la géométrographie et son esprit spécial.

Je passe immédiatement à l'application en discutant les constructions fondamentales classiques qui se trouvent partout les mêmes, transmises séculairement par les géomètres depuis les Grecs, dans tous les ouvrages de géométrie.

Je montre ainsi, dès le début, que ces constructions universellement enseignées peuvent, toutes à peu près, être notablement simplifiées, quelquefois dans des proportions qui semblent invraisemblables, et que l'on est conduit à la notion d'un *Art* des constructions géométriques et à une *Méthode* pour les simplifier. On s'aperçoit vite que les géomètres, quand ils parlent de simplicité, ont *toujours* entendu la simplicité de l'expression ou de l'exposition didactique et que même lorsque, comme application des théorèmes, ils indiquent des *constructions*, la simplicité du langage, de la liaison entre le résultat cherché et la théorie, est leur seule préoccupation.

Tant qu'ils ne parlent pas de *constructions*, il n'y a rien à reprendre à leur idéal ni à changer à leurs errements, c'est de la géométrie; mais pour *construire*, au contraire, presque tout est à modifier, c'est de la *géométrographie*. A côté de la simplicité *géométrique* il y a donc à considérer une chose nouvelle, la simplicité *géométrographique* (c'est-à-dire les instruments de construction à la main), étude féconde, fort intéressante en elle-même, qui n'a, pour ainsi dire, rien de commun avec son aînée sous l'ombre de laquelle elle n'avait même point été remarquée jusqu'ici.

Les constructions classiques que j'étudie dans cette première partie, j'aurais pu les prendre dans n'importe quels bons Traités de géométrie, mais pour avoir plus d'unité j'ai voulu choisir comme types celles qui étaient proposées dans un livre unique. J'avais d'abord songé au *Traité de Géométrie* de MM. B. Niewenglowski et L. Gérard qui les premiers ont eu la sorte d'audace inattendue, d'introduire dans un ouvrage classique, en France, malgré la tyrannie des programmes, une nouveauté aussi inconnue, aussi radicale que la géométrographie, et en ont exposé dans cet ouvrage les notions fondamentales ; je leur en exprime toute ma gratitude. Seulement M. Gérard, très habile en la matière, est imbu de la méthode géométrographique ; il est facile d'observer que, lorsque cela a été possible sans trop changer les habitudes admises, certaines constructions ont été présentées sous le jour qui froisse le moins le géométrographe et l'effet du contraste eut été légèrement affaibli. J'ai donc préféré prendre les constructions ailleurs et j'ai choisi le *Traité de Géométrie* de MM. Rouché et de Comberousse qui est entre les mains de tous les géomètres et dont la 7e édition vient de paraître (1900).

Ce choix était d'autant mieux indiqué que M. Rouché m'ayant fait l'honneur d'introduire aussi dans l'ouvrage une Note didactique étendue sur la géométrographie, j'en reproduirai textuellement, dans cette première partie, de nombreux passages.

La seconde partie contiendra le développement des études précédentes en traitant diverses constructions relatives à des parties très connues et très importantes de la géométrie : axes radicaux, rapports anharmoniques et harmoniques, centres de similitude dans les figures directement ou symétriquement semblables, examen d'une nouvelle solution due à M. L. Gérard, du célèbre problème d'Apollonius (cercles tangents à trois cercles donnés). C'est, géométrographiquement, la plus simple qui ait été donnée jusqu'ici. De plus, elle est complète, générale puisqu'elle s'applique à tous les cas où un ou deux des trois cercles dégénèrent en droites ou en points, très élémentaire, naturelle et par suite facile à retenir. M. Gérard l'a développée dans le premier volume, pages 201 et suivantes du *Cours de Géométrie élémentaire* déjà cité (Naud et Carré, Paris, 1898). Je dois faire remarquer que le symbole de la construction donnée dans cet ouvrage est op. : $(69 R_1 + 35 R_2 + 43 C_1 + 28 C_3)$ simplicité : 175; exactitude : 112; 35 droites, 28 cercles, c'est-à-dire de 21 opérations élémentaires, dont le tracé de 8 droites et de 3 cercles, plus compliqué que celui qui est donné ici. Cela tient surtout à une fort heureuse modification dans le procédé employé pour obtenir les centres radicaux H_1, H_2, H_3, H_4 que M. L. Gérard a imaginée depuis la publication du *Cours de Géométrie*.

Il me reste à remercier encore beaucoup de géomètres qui, en se montrant les amis de la première heure, ont, de diverses façons, aidé à la rapide diffusion de la géométrographie : M. Haton de la Goupillière qui en a présenté l'embryon à l'Académie des Sciences (*C. R.*, 16 juillet 1888), MM. Neuberg et de Longchamps qui lui ont donné l'hospitalité dans *Mathesis* et dans le *Journal de mathématiques élémentaires*, les directeurs du journal italien *Pitagora*; M. Zoël de Galdeano, directeur du *Progreso*; MM. Beyel, Mackay, Jung, Burali-Forti, Chomé qui l'ont fait connaître dans leurs cours du Polytecnikum de Zurich, d'Edimbourg, de l'Ecole des ingénieurs de Milan, des écoles militaires de Turin, de Belgique; MM. Droz-Farny (de Porrentruy), Schoute (d'Amsterdam), Escott (Grand-Rapide, Michigan), D. André, Niewenglowski et bien d'autres qui tous ont des droits à ma gratitude. Je tiens, en outre, à l'exprimer particulièrement à MM. L. Gérard, Ad. Bühl et au colonel Moreau pour l'aide qu'ils m'ont apportée par la correction des épreuves, très importante et très délicate dans ce travail.

Paris, juin 1900

E. LEMOINE.

NOTE. Je serai reconnaissant aux lecteurs qui trouveraient des constructions de symbole plus simple que celles que j'ai données comme constructions géométrographiques, de me les faire connaître à mon adresse, 4, boulevard de Vaugirard, Paris.

GÉOMÉTROGRAPHIE

PREMIÈRE PARTIE

BUT DE LA GÉOMÉTROGRAPHIE

La Géométrographie a un quadruple objet :

a. Au moyen de certaines conventions, elle donne, pour une construction quelconque exécutée, un symbole qui est une sorte de mesure de sa simplicité et des chances de sa plus ou moins grande exactitude.

b. Elle conduit aux procédés pour effectuer, le plus simplement possible, une construction déterminée indiquée par la Géométrie.

c. Elle discute, quand il y a lieu, une construction dont le principe est donné, pour y substituer une construction plus simple qui peut arriver à différer tout à fait de la première indication.

d. Elle permet de comparer entre elles toutes les constructions que l'on connaît d'un même problème et de choisir parmi celles-là la plus simple que l'on appelle la *construction géométrographique* du problème, jusqu'à ce qu'on en ait trouvé une plus simple, s'il y en a, qui devient alors la construction géométrographique de ce problème.

La Géométrographie est d'essence toute spéculative, parce que les hypothèses qu'elle fait doivent s'écarter de la réalité pratique. Voici ces hypothèses : La Géométrographie suppose que la feuille du dessin est aussi grande qu'il est nécessaire à l'exécution intégrale de la construction; elle suppose que les instruments dont on se sert : compas, règle (et équerre, lorsque son usage est admis) sont aussi petits ou aussi grands que le demande le tracé ; elle suppose qu'un point est également bien déterminé quel que soit l'angle sous lequel se coupent les lignes qui le placent; elle suppose l'existence matérielle du point et de la ligne.

La Géométrographie guide donc le traceur d'une façon analogue à celle dont la Mécanique rationnelle guide l'ingénieur, *mais de beaucoup plus près.*

A moins que le contraire ne soit particulièrement spécifié, l'évaluation géométrographique d'une construction doit se faire avec un seul compas et, lorsqu'un cercle se trouve tracé comme donnée, on suppose que son centre est placé.

Lorsque les *données* ne sont pas données en position, mais seulement en grandeur, on convient de ne pas exécuter l'épure définitive sur elles, mais on peut s'en servir pour les constructions auxiliaires, par exemple si l'une des données a une longueur AB et qu'on ait besoin de prendre la moitié de cette longueur, on pourra diviser la donnée AB en deux parties égales. Voici un exemple des deux cas qui se présentent : pour diviser une droite donnée AB en moyenne et extrême raison, je ferai évidemment l'épure sur AB ; mais, pour construire le triangle ABC, connaissant un côté BC, l'angle opposé BAC et la somme des deux autres côtés AB + AC, je supposerai que j'ai sur l'épure, à l'origine, une longueur égale à BC, un angle égal à BAC et une longueur égale à AB + AC, mais je ne construirai le triangle ABC sur aucune de ces données.

NOTATIONS

Faire passer le bord d'une règle par *un* point placé s'appellera l'*opération* R_1 ou, pour abréger, op. : (R_1); donc, *spéculativement*, faire passer le bord d'une règle par *deux* points sera op. : ($2R_1$).

Tracer une ligne en suivant le bord de la règle sera op. : (R_2).

Mettre *une* pointe du compas en *un* point placé sera op. : (C_1); donc, *spéculativement*, prendre dans le compas la distance de *deux* points placés sera op. : ($2C_1$).

Mettre une pointe de compas en un point *indéterminé* d'une ligne tracée sera op. : (C_2).

Tracer le cercle sera op. : (C_3).

Nous supposerons que toute droite tracée et que tout cercle tracé dans le cours d'une construction le sont en entier.

A la Géométrie *canonique* des Grecs, qui n'admet que les solutions par la droite et le cercle, correspondra la Géométrographie *canonique* qui admettra seulement la règle et le compas comme instruments de construction. Pour elle, une construction, si compliquée qu'elle soit, s'exprimera par le symbole op. : $(l_1R_1 + l_2R_2 + m_1C_1 + m_2C_2 + m_3C_3)$.

Nous appellerons le nombre $l_1 + l_2 + m_1 + m_2 + m_3$, *coefficient de simplicité* ou *simplicité* de la construction et le nombre $l_1 + m_1 + m_2$, *coefficient d'exactitude* ou *exactitude* (1), l_2 sera le nombre des droites tracées, m_3 celui des cercles.

La *méthode* géométrographique est une méthode générale pour tout genre de constructions, quels que soient les instruments que l'on emploie; si l'on admet, par exemple, le compas de proportion, etc., il suffit d'employer des symboles nouveaux particuliers à ces instruments et d'étudier les constructions en les employant avec ceux du compas et de la règle.

Nous allons donner ici les symboles de l'équerre, car, sauf lorsque l'on exige une haute précision, l'équerre est admise généralement pour les constructions des figures de Géométrie, surtout pour les tracés de la Géométrie descriptive.

Nous gardons pour l'équerre les symboles R_1, R_2 de la règle pour les opérations identiques faites avec le nouvel instrument; seulement, nous accentuons le symbole op. : (R_1), c'est-à-dire que nous écrivons op. : (R'_1), *uniquement* pour indiquer *à peu près*, à première vue du symbole, la plus ou moins grande importance du rôle de l'équerre dans cette construction; pour la même raison, nous accentuons aussi le symbole op. : (R_1) de la règle *lorsqu'elle sert au tracé de détail qui va se faire avec l'équerre;* mettre le bord de la règle ou de l'équerre en coïncidence avec *une droite* tracée, est assimilé à le faire passer par deux points et désigné par op. : $(2R'_1)$; on ne fait jamais cette opération dans la Géométrie canonique.

Faire glisser l'équerre le long du bord de la règle jusqu'à ce que le bord convenable de l'équerre passe par un point placé

(1) Il est clair que la simplicité de la construction varie en raison inverse du coefficient de simplicité et qu'il eût été plus exact de dire *coefficient de complication:* mais comme ce que l'on a en vue c'est la simplicité et non la complication, nous avons préféré la dénomination qui le rappelle; la chose n'a aucun inconvénient et il y a dans la science de nombreuses anomalies de même genre; le coefficient d'élasticité d'un corps, par exemple, est d'autant plus petit que l'élasticité du corps est plus grande. Nous ferons la même remarque pour la dénomination choisie par nous : *coefficient d'exactitude*.

sera op. : (E); c'est, en réalité, le seul symbole particulier de l'équerre.

Le symbole de toute construction faite avec la règle, le compas et l'équerre sera donc op. : $(l_1R_1 + l'_1R'_1 + l_2R_2 + m_1C_1 + m_2C_2 + m_3C_3 + nE)$; le *coefficient de simplicité* est $l_1 + l'_1 + l_2 + m_1 + m_2 + m_3 + n$; celui *d'exactitude* $l_1 + l'_1 + m_1 + m_2 + n$; l_2 est le nombre des droites tracées; m_3 celui des cercles.

R_1, R'_1, R_2, E, C_1, C_2, C_3 sont ce que nous appellerons les *opérations élémentaires des constructions* [1].

Une construction, pour être dite la *construction géométrographique* d'un problème, doit être 1° *générale*, c'est-à-dire s'appliquer à ce problème, quelles que soient les grandeurs et les positions des données, 2° la plus simple possible.

---

[1] Je tiens à faire connaître une notation géométrographique due à M. E. Bernès, notation qu'il emploie, la trouvant plus pratique que la mienne. Je ne partage pas son avis, mais comme il suffit de l'énoncer pour que chacun puisse l'appliquer sans difficulté, que d'autres pourront aussi la préférer, la voici : M. Bernès ne fait pas la distinction que j'établis entre C_1 et C_2. Placer une pointe du compas en un point *indéterminé* d'une ligne tracée, c'est-à-dire ce que j'appelle C_2, il l'assimile à C_1, c'est-à-dire placer une pointe en un point déterminé. C'est d'ailleurs une distinction dont l'importance n'est que spéculative; *pratiquement*, c'est insignifiant.

Symboles pour la règle. *Tracer une droite quelconque :* δ; *une droite passant par un point :* δ_1; *par deux points :* δ_2.

Symboles pour le compas. *Tracer un cercle quelconque :* γ; *tracer un cercle quelconque mais dont le centre est placé soit en un point, soit indéterminé sur une ligne donnée :* γ_1; *faire passer par un point placé, un cercle dont le centre est placé soit en un point, soit indéterminé sur une ligne donnée :* γ_2; *tracer un cercle étant donnés son centre et son rayon :* γ_3.

Symboles pour l'équerre. *Parallèle ou perpendiculaire quelconque à la ligne de terre au moyen du té :* ε; *ligne de rappel d'un point ou parallèle à la ligne de terre passant par un point :* ε_1; *parallèle quelconque à une droite :* ε_2; *parallèle à une droite donnée, à tracer par un point :* ε_3. En multipliant, dans chaque terme du symbole total, le coefficient par l'indice et faisant la somme des produits, on a le coefficient d'exactitude de la construction, en y ajoutant la somme des coefficients, on a le coefficient de simplicité. La somme des coefficients des γ, γ_1, γ_2, γ_3 donne le nombre de cercles tracés. La somme des coefficients des δ, δ_1, δ_2 (et s'il y a lieu des ε, ε_1, ε_2, ε_3) donne le nombre des droites. Par exemple la construction dont le symbole est op. : $(l\delta + l_1\delta_1 + l_2\delta_2 + m\gamma + m_1\gamma_1 + m_2\gamma_2 + m_3\gamma_3 + n\varepsilon + n_1\varepsilon_1 + n_2\varepsilon_2 + n_3\varepsilon_3)$ a pour simplicité : $l + 2l_1 + 3l_2 + m + 2m_1 + 3m_2 + 4m_3 + n + 2n_1 + 3n_2 + 4n_3$; pour exactitude : $l_1 + 2l_2 + m_1 + 2m_2 + 3m_3 + n_1 + 2n_2 + 3n_3$. Le nombre des droites est : $l + l_1 + l_2 + n + n_1 + n_2 + n_3$; le nombre des cercles : $m + m_1 + m_2 + m_3$.

Je conviens de définir la simplicité d'une construction par son coefficient de simplicité ; la *construction géométrographique* sera donc celle qui a le coefficient de simplicité le plus petit. S'il y en a plusieurs ayant le même coefficient minimum, elles seront toutes dites *constructions géométrographiques*.

La notation A (ρ) ou A (BC) désignera le cercle de centre A et de rayon ρ ou BC.

CONSTRUCTION DES PROBLÈMES CLASSIQUES

I. — **Tracer une droite quelconque**; op. : (R_2).

II. — **Tracer une droite qui passe par un point placé**; op. : ($R_1 + R_2$).

III. — **Tracer une droite passant par deux points placés**; op. : ($2R_1+R_2$).

IV. — **Tracer un cercle quelconque** op. : (C_3).

V. — **Tracer un cercle quelconque dont le centre est placé**; op. : (C_1+C_3).

VI. — **Prendre avec le compas une longueur donnée AB**; op. : ($2C_1$).

VII. — **Tracer un cercle dont le rayon est une longueur donnée et le centre un point placé**; op. : ($3C_1+C_3$).

VIII. — **Porter sur une ligne donnée, à partir d'un point indéterminé de cette ligne ou à partir d'un point placé sur cette ligne, la longueur comprise entre les branches du compas**; op. : (C_2+C_3) ou op. : (C_1+C_2).

IX. — **Tracer un angle droit ou tracer deux droites perpendiculaires entre elles.**

a. *Première construction géométrographique.* — Je trace une droite (R_2); un cercle de centre O quelconque et coupant la droite en A et en B (C_3); je trace BO qui coupe le cercle en C ($2R_1+R_2$), puis AC ($2R_1+R_2$); l'angle CAB est droit; op. : ($4R_1+3R_2+C_3$) ; simplicité : 8; exactitude : 4; 3 droites, 1 cercle.

Remarque. — Si l'une des droites était placée, le symbole serait diminué de (R_2).

a'. Je trace un cercle quelconque (C_3), un diamètre AB de ce cercle (R_1+R_2), une droite AC (R_1+R_2) qui coupe le cercle en C, je trace CB ($2R_1+R_2$) ; même symbole que a.

b. *Deuxième construction géométrographique.* — Je trace deux cercles se coupant en A et A′, de centres quelconques O et O′ et de rayons quelconques ($2C_3$); je trace leur intersection AA′ ($2R_1+R_2$) et je trace OO′ ($2R_1+R_2$); OO′ et AA′ sont perpendiculaires; op. : ($4R_1+2R_2+2C_3$); simplicité : 8; exactitude : 4; 2 droites, 2 cercles.

c. *Troisième construction géométrographique.* — Je trace une droite quelconque OO′ (R_2), je trace deux cercles quelconques ayant leurs centres sur cette droite en deux points quelconques O et O′ et se coupant en A et A′ ($2C_2+2C_3$). Je trace AA′ ($2R_1+R_2$). AA′ et OO′ sont perpendiculaires; op. : ($2R_1+2R_2+2C_2+2C_3$); simplicité : 8; exactitude : 4; 2 droites, 2 cercles.

Remarque. — Si la droite OO′ était donnée, le symbole serait diminué de (R_2).

d. *Construction avec l'équerre.* — La règle étant mise en coïncidence avec l'hypoténuse de l'équerre, je trace une droite le long d'un certain côté de l'angle droit de l'équerre (R_2), je donne à l'équerre, dans le sens convenable, un mouvement arbitraire de glissement sur la règle et je trace une droite le long de l'autre côté de l'angle droit de l'équerre (R_2); l'angle des deux droites tracées est droit; op. : ($2R_2$); simplicité : 2; 2 droites.

Remarque. — Si l'une des droites est donnée, le symbole est : op. : ($2R'_1+R_2$); simplicité : 3; exactitude : 2; 1 droite.

X. — **Construire un angle de** : *a*, 60° (ou de 120°); *b*, 30° (ou de 150°); *c*, 45° (ou de 135°).

a. Construction géométrographique. — D'un rayon quelconque ρ, je trace d'un centre quelconque O le cercle O (ρ) (C_3); je trace un diamètre quelconque qui coupe le cercle en A et A′ (R_1+R_2); je trace A (ρ) (C_1+C_3) qui coupe O (ρ) en B; je trace OB ($2R_1+R_2$), l'angle BOA = 60° et son supplément égale 120°; op. : ($3R_1+2R_2+C_1+2C_3$); simplicité : 8; exactitude : 4; 2 droites, 2 cercles.

b. Construction géométrographique. — Je trace un cercle A (ρ) (C_3), je mène une corde quelconque (R_2) qui le coupe en β et β′, je trace du côté convenable β (ρ) (C_1+C_3) qui le coupe en C, je trace β′ C ($2R_1+R_2$); op. : ($2R_1+2R_2+C_1+2C_3$); simplicité : 7; exactitude : 3; 2 droites, 2 cercles.

c. Construction géométrographique. — Je trace un cercle, et un diamètre ($R_1+R_2+C_3$) qui coupe le cercle en A et A′, je trace (voir XXII) la perpendiculaire au milieu de AA′ ($2R_1+$

$R_2+2C_1+2C_3$) qui coupe le cercle en B, je trace AB ($2R_1+R_2$); op. : ($5R_1+3R_2+2C_1+3C_3$) ; simplicité : 13; exactitude : 7; 3 droites, 3 cercles.

c'. Seconde construction géométrographique. — Tracer un angle droit par l'une des constructions IX; tracer un cercle quelconque qui ait pour centre son sommet; tracer la corde du quadrant.

Avec *l'équerre* on trouverait le symbole op. : ($2R_1+3R_2+C_1+C_3$).

XI. — **Tracer un cercle passant par deux points donnés A et B.**

Construction géométrographique. — ρ étant quelconque, je trace A (ρ), B (ρ) qui se coupent en C ($2C_1+2C_3$). Je trace C (ρ) (C_1+C_3), c'est le cercle cherché ; op. : ($3C_1+3C_3$); simplicité : 6; exactitude : 3; 3 cercles.

XII. — **Placer le centre O d'un cercle tracé, si le centre n'est pas marqué.**

Construction géométrographique. — A, B, C étant trois points arbitraires du cercle, je trace A (ρ), B (ρ), C (ρ), ρ étant quelconque, mais tel que ces trois cercles se coupent ($3C_2+3C_3$). Je trace les intersections de A (ρ), B (ρ) et de B (ρ), C (ρ) ($4R_1+2R_2$); ces deux droites se coupent en O, centre cherché; op. : ($4R_1+2R_2+3C_2+3C_3$); simplicité : 12; exactitude : 7; 2 droites, 3 cercles.

Remarquons que la distance OA, qu'il n'y a pas besoin de tracer, est le rayon du cercle; il est obtenu en même temps que le centre, donc par le même symbole, mais ce n'est pas la construction géométrographique du rayon dont la simplicité est 7 (*voir* XIII).

XIII. — **Trouver le rayon d'un cercle tracé dont le centre n'est pas placé.**

Construction géométrographique (fig. 1). — D'un point P quelconque du cercle tracé comme centre, je trace P (ρ) (C_2+C_3) qui coupe le cercle en A et en B, je trace B (ρ) (C_1+C_3) qui coupe P (ρ) en C. Je trace AC ($2R_1+R_2$), qui coupe le cercle donné en D; CD (ou DB) est le rayon cherché; op. : ($2R_1+R_2+C_1+C_2+2C_3$); simplicité : 7; exactitude : 4; 1 droite, 2 cercles.

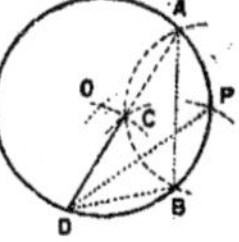

Fig. 1.

Pour trouver le centre O du cercle, il suffit de tracer D (DC)

$(2C_1 + C_3)$, B (DC) $(C_1 + C_3)$ qui s'y coupent ; op. : $(2R_1 + R_2 + 4C_1 + C_2 + 4C_3)$; simplicité : 12 ; exactitude : 7 ; 1 droite, 4 cercles.

C'est une seconde *construction géométrographique* du Problème XII.

XIV. — **Par un point donné B sur une droite BC, tracer une droite qui fasse avec la première un angle égal à un angle donné DAE.**

Construction géométrographique. — Je trace, ρ étant quelconque, A (ρ) qui coupe AD en D, AE en E $(C_1 + C_3)$, je trace B (ρ) $(C_1 + C_3)$, qui coupe BC en C, je prends DE dans le compas et je trace C (DE) $(3C_1 + C_3)$, qui coupe B (ρ) en F, je trace BF $(2R_1 + R_2)$: c'est la droite cherchée ; op. : $(2R_1 + R_2 + 5C_1 + 3C_3)$; simplicité : 11 ; exactitude : 7 ; 1 droite, 3 cercles.

XV. — **Par un point A, pris hors d'une droite BC, mener une droite AC qui fasse avec BC un angle ACB égal à un angle donné N.**

Construction géométrographique. — Je trace les cercles A (ρ) $(C_1 + C_3)$ qui coupe BC en B, B (ρ) $(C_1 + C_3)$ qui coupe BC en B′ et N (ρ) $(C_1 + C_3)$ qui intercepte sur les côtés de l'angle N l'arc FG ; sur le cercle B (ρ) je prends B′β = FG $(3C_1 + C_3)$ et je trace β(ρ) $(2C_1 + C_3)$ qui coupe A (ρ) en γ ; je trace enfin Aγ $(2R_1 + R_2)$ qui est la ligne demandée, car la figure ABβγ serait un losange ; op. : $(2R_1 + R_2 + 8C_1 + 5C_3)$; simplicité : 16 ; exactitude : 10 ; 1 droite, 5 cercles.

Avec l'*équerre*, on ne tracerait pas les cercles A(ρ) et β(ρ) et le symbole serait op. : $(2R'_1 + E + R_2 + 4C_1 + C_2 + 3C_3)$; simplicité : 12 ; exactitude : 8 ; 1 droite, 3 cercles.

XVI. — **Connaissant deux angles A et B d'un triangle ABC, construire le troisième.**

Construction géométrographique. — Soient C′A′B′ et A″B″C″ les angles donnés égaux aux angles A et B du triangle. Je trace une droite Δ quelconque (R_2) et je trace, ρ étant quelconque, les cercles A′ (ρ), B″ (ρ) et M (ρ), M étant un point quelconque sur Δ $(2C_1 + C_2 + 3C_3)$. A′ (ρ) coupe A′B′ et A′C′ en B′ et en C′, B″ (ρ) coupe B″C″, B″A″ en C″ et en A″. M (ρ) coupe Δ en μ et μ′ ; je trace μ (C′B′) qui coupe M (ρ) en γ $(3C_1 + C_3)$; je trace γ (C″A″) $(3C_1 + C_3)$ qui coupe M (ρ) en λ ; μ, γ, λ se suivant dans le même sens sur M (ρ) ; je trace Mλ $(2R_1 + R_2)$; l'angle λ M μ′ est l'angle C cherché ; op. :

$(2R_1 + 2R_2 + 8C_1 + C_2 + 5C_3)$, simplicité : 18 ; exactitude : 11 ; 2 droites, 5 cercles.

REMARQUE. — Si l'on voulait faire la construction sur les données, il suffirait de faire en A' avec $A'B'$ un angle $B'A'\gamma = C''B''A''$ et l'angle de $A'\gamma$ avec le prolongement de $A'C'$ serait l'angle cherché ; op. : $(2R_1 + R_2 + 5C_1 + 3C_3)$; simplicité : 11 ; exactitude : 7 ; 1 droite, 3 cercles.

XVII. — **Faire en A avec la droite AB un angle complémentaire d'un angle donné** $\varepsilon\gamma\alpha$.

Construction géométrographique. — Je trace, d'un point arbitraire μ comme centre, un cercle quelconque de rayon ρ et passant par A $(C_1 + C_3)$, il coupe AB en C ; je marque D sur $\gamma\varepsilon$ tel que $\gamma D = \rho$ $(C_1 + C_3)$; je décris D (ρ) $(C_1 + C_3)$ qui coupe $\gamma\alpha$ en L, l'arc γL mesure le double de $\frac{\pi}{2} - \varepsilon\gamma\alpha$; je décris donc C (γL) $(3C_1 + C_3)$ qui coupe dans le sens convenable μ (ρ) en G et je trace AG $(2R_1 + R_2)$; on a l'angle $CAG = 90° - \varepsilon\gamma\alpha$; op. : $(2R_1 + R_2 + 6C_1 + 4C_3)$; simplicité : 13 ; exactitude : 8 ; 1 droite, 2 cercles. L'*équerre* n'a pas d'emploi.

Voir au problème XXXVI une autre construction géométrographique du problème XVII.

XVIII. — **Etant donnés trois points A, B, C, placer le symétrique C′ de C par rapport à la droite qui joindrait A et B.**

Construction géométrographique. — Je trace A (AC), B (BC) qui se coupent au point C′ cherché ; op. : $(4C_1 + 2C_3)$; simplicité : 6 ; exactitude : 4 ; 2 cercles.

XIX. — **Etant donné un angle BAC et une droite AM, tracer par un point donné B de AB une droite parallèle à la symétrique de AM par rapport à la bissectrice de l'angle BAC.**

Construction géométrographique. — ρ étant quelconque (fig. 2) je trace A (ρ) $(C_1 + C_3)$ qui coupe AM en p, AC en q, puis B (ρ) $(C_1 + C_3)$ qui coupe AB en r ; je trace r $(p\,q)$ $(3C_1 + C_3)$ qui coupe B (ρ) en T dans le sens convenable ; je trace BT $(2R_1 + R_2)$, c'est la droite cherchée ; op. : $(2R_1 + R_2 + 5C_1 + 3C_3)$; simplicité : 11 ; exactitude : 7 ; 1 droite, 3 cercles.

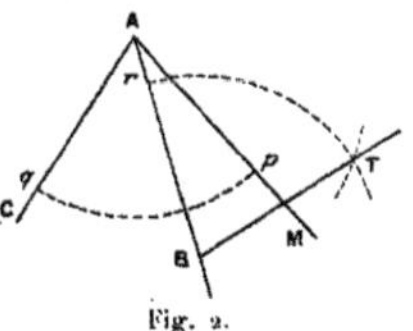

Fig. 2.

XX. — **D'un point C, pris hors d'une droite AB, abaisser une perpendiculaire sur cette droite.**

Construction géométrographique. — Op. : $(2R_1 + R_2 + 3C_1 + 3C_3)$; simplicité : 9; exactitude : 5 ; 1 droite, 3 cercles.

Construction avec l'équerre. — Je mets un côté de l'angle droit de l'équerre en coïncidence avec AB $(2R'_1)$; la règle étant alors plaquée sur l'hypoténuse de l'équerre, je fais glisser l'équerre jusqu'à ce que l'autre côté de l'angle droit de l'équerre passe en C (E); je trace une droite le long de ce côté (R_2) ; op. : $(2R'_1 + R_2 + E)$; simplicité : 4 ; exactitude : 3; 1 droite.

XXI. — **Par un point C, pris sur une droite AB, élever une perpendiculaire sur cette droite.**

Le symbole de la construction classique est op. : $(2R_1 + R_2 + 3C_1 + 3C_3)$; simplicité : 9; exactitude : 5; 1 droite, 3 cercles.

Avec l'*équerre*, op. : $(2R'_1 + E + R_2)$; simplicité : 4 ; exactitude : 3; 1 droite.

Construction géométrographique. — La construction qui est indiquée généralement, comme devant être employée seulement lorsque le point C par où il faut élever une perpendiculaire sur la droite CA est à l'extrémité de celle-ci, est toujours préférable à la construction donnée partout comme construction générale ; O étant quelconque tracer O (OC) $(C_1 + C_3)$ qui coupe CA en A ; tracer AO $(2R_1 + R_2)$ qui coupe O (OC) en D ; tracer CD $(2R_1 + R_2)$; op. : $(4R_1 + 2R_2 + C_1 + C_3)$; simplicité : 8 ; exactitude : 5 ; 2 droites, 1 cercle.

Avec l'*équerre*, même symbole que XXI.

Lorsque, dans une construction, on aura à élever des perpendiculaires en n points donnés A, B, C, D... de droites données L, M, N..., il y aura avantage de simplicité, si $n > 4$, à opérer ainsi : je trace les n circonférences de rayon ρ arbitraire, A (ρ), B (ρ), C (ρ) etc. $(nC_1 + nC_3)$; j'élève en A la perpendiculaire à L en me servant du cercle A (ρ) $(2R_1 + R_2 + 2C_1 + 2C_3)$; je prends sur A (ρ) l'arc du quadrant $(2C_1)$ et le transporte en B', C', D'... sur toutes les autres circonférences à partir de leurs rencontres avec M, N, etc. $[(n - 1) C_1 + (n - 1) C_3]$; je trace les $(n - 1)$ droites BB', CC'... $[(2(n - 1) R_1 + (n - 1) R_2]$; et j'ai toutes les perpendiculaires par le symbole total op. : $[2nR_1 + nR_2 + (2n + 3) C_1 + (2n + 1) C_3]$; simplicité : $7n + 4$; exactitude : $4n + 3$; n droites, $(2n + 1)$ cercles. En répétant n fois la construction géométrographique de la perpendiculaire abaissée d'un point sur une droite, on aurait op. : $(4nR_1 + 2nR_2 + nC_1 +$

$n\ C_3$); simplicité : 8 n; exactitude : 5 n; 2n droites, n cercles.

Si $7n + 4 < 8\ n$ ou $n > 4$, la construction avec l'arc du quadrant aura donc un coefficient de simplicité plus petit que la seconde, son coefficient d'exactitude sera inférieur dès $n > 3$. Il faut remarquer cependant que le nombre des *tracés*, quel que soit n, sera, dans la construction géométrographique, toujours supérieur d'une unité au nombre des tracés de l'autre, mais le coefficient d'exactitude beaucoup plus petit.

XXII. — **Mener une perpendiculaire sur une droite en son milieu.**

op. : $(2R_1 + R_2 + 2C_1 + 2C_3)$; simplicité : 7 ; exactitude : 4; 1 droite, 2 cercles.

XXIII. — **Par un point A mener une parallèle à une droite BC.**

La construction classique, séculaire pour ainsi dire, donnée partout, du moins en France, est : je trace A (ρ) $(C_1 + C_3)$ qui coupe BC en B ; je trace B (ρ) $(C_1 + C_3)$ qui coupe BC en C; je trace B (AC) $(3C_1 + C_3)$ qui coupe A (ρ) en D, du même côté de BC que A; je trace AD $(2R_1 + R_2)$, c'est la parallèle cherchée; le tracé a pour symbole op. : $(2R_1 + R_2 + 5C_1 + 3C_3)$; simplicité : 11 ; exactitude : 7; 1 droite, 3 cercles.

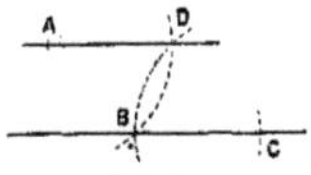

Fig. 3.

Elle peut être notablement réduite, comme le montrent les deux constructions géométrographiques qui suivent :

Première construction géométrographique (fig. 3). — Je trace A (ρ) $(C_1 + C_3)$, ρ étant quelconque mais assez grand pour couper BC en B; je trace B (ρ) $(C_1 + C_3)$ qui coupe BC en C, puis C (ρ) $(C_1 + C_3)$ qui coupe A (ρ), déjà tracé, en D. Je tire AD $(2R_1 + R_2)$, c'est la parallèle cherchée, puisque la figure ACBD serait un losange ; op. : $(2R_1 + R_2 + 3C_1 + 3C_3)$; simplicité : 9; exactitude : 5 ; 1 droite, 3 cercles.

La construction ne comporte aucune ambiguïté, il y en a une possible dans la construction classique, puisque le cercle B(AC) y coupe le cercle A(AB) en deux points. Ce défaut est, d'ailleurs, pratiquement, sans aucune importance.

Seconde construction géométrographique (fig. 4). — Je trace, O étant arbitraire, un cercle O(OA) $(C_1 + C_3)$ qui coupe BC en B et en C; je décris le cercle C(BA) $(3C_1 + C_3)$ qui coupe O(OA) en D du même côté de BC que A ; je trace AD$(2R_1 + R_2)$ qui est la parallèle cherchée; op. : $(2R_1 + R_2 + 4C_1 + 2C_3)$; simplicité : 9; exactitude : 6; 1 droite, 2 cercles. Dans la première des deux constructions géométrographiques la simplification, qui est de deux opérations élémentaires, ne porte que sur les opérations de préparation, c'est-à-dire sur le coefficient d'exactitude; dans la seconde, elle porte, pour une unité sur le coefficient d'exactitude et pour une unité sur les opérations de tracé; elle comporte, en effet, un cercle de moins à tracer que dans la construction classique enseignée. Il y a des pays où la construction classique est autre : en Russie, en Italie,

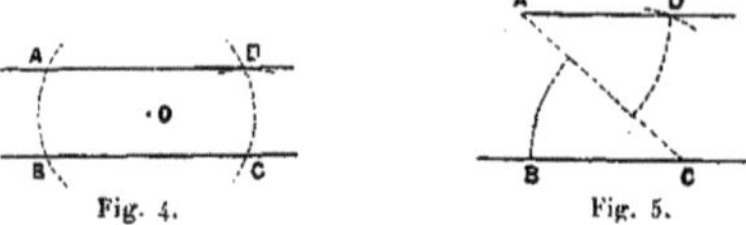

Fig. 4. Fig. 5.

par exemple. La voici (fig. 5) : Par A, je mène une droite quelconque qui coupe en C la droite BC($R_1 + R_2$) et je fais en A avec AC un angle CAD = ACB ($2R_1 + R_2 + 5C_1 + 3C_3$); ces deux angles occupent les positions d'alternes internes; op. : ($3R_1 + 2R_2 + 5C_1 + 3C_3$); simplicité : 13; exactitude : 8; 2 droites, 3 cercles.

Quoique plus simple à énoncer que la construction classique française, elle est plus compliquée qu'elle de deux opérations élémentaires, dont le tracé d'une droite, et plus compliquée de quatre opérations que les tracés géométrographiques.

Il faut bien se mettre dans l'esprit, d'ailleurs, que si l'on considère deux *constructions* différentes d'un même problème, dérivant de deux *solutions* différentes de ce problème, il n'y a aucune raison de déduire de ce que l'une serait beaucoup plus simple à démontrer et à énoncer que l'autre, pour le géomètre, qu'elle sera la plus simple à construire, c'est souvent la plus compliquée. Ajoutons que celle qui était la meilleure pour le géomètre doit le rester cependant encore pour lui, quelle que soit sa complexité géométrographique, car il se place à un point de vue tout autre que le constructeur, dont le point de vue spécial n'avait jamais été étudié systématiquement, ni même signalé comme distinct; c'est ce nouveau point de vue qui a constitué la Géométrographie.

Avec l'*équerre*. Je place un bord de l'équerre en coïncidence avec BC ($2R'_1$), je plaque la règle contre l'équerre et je fais glisser l'équerre le long de la règle jusqu'à ce que son bord convenable passe en A(E), je trace la droite (R_2); op. : ($2R'_1 + E + R_2$); simplicité : 4 ; exactitude : 3 ; 1 droite.

S'il n'y a rien sur l'épure et que l'on se propose de tracer deux droites parallèles entre elles, on trouvera facilement diverses constructions géométrographiques ayant pour simplicité 9 et avec l'*équerre* 2.

XXIV. — **Placer le quatrième sommet D d'un parallélogramme ABCD, les trois sommets A, B, C, étant placés ; AD et BC devant être parallèles et de même sens.**

Construction géométrographique. — Je prends BC dans le compas et je trace A(BC) ($3C_1 + C_3$) ; la pointe étant alors en A, je prends AB(C_1) et je trace C(AB) ($C_1 + C_3$) qui coupe A (BC) en D de l'autre côté de AC que B ; op. : ($5C_1 + 2C_3$) ; simplicité : 7 ; exactitude : 5 ; 2 cercles.

XXV. — **Mener par A une parallèle AD à une droite non tracée déterminée par deux de ses points B et C.**

Construction géométrographique. — Je place D comme dans la construction XXIV et je trace AD($2R_1 + R_2$), op. : ($2R_1 + R_2 + 5C_1 + 2C_3$) ; simplicité : 10 ; exactitude : 7 ; 1 droite, 2 cercles.

Avec l'*équerre*, op. : ($2R'_1 + E + R_2$) ; simplicité : 4 ; exactitude 3 ; 1 droite.

XXVI. — **Diviser en deux parties égales l'arc AB d'un cercle donné ou un angle AOB.**

ρ étant quelconque mais plus grand que $\frac{1}{2}$AB, je trace A(ρ), B(ρ), ($2C_1 + 2C_3$) qui se coupent en E, je trace la ligne qui joint E au centre du cercle ($2R_1 + R_2$). Cette ligne coupe le cercle entre A et B au point D qui divise l'arc AB en deux parties égales ; op. : ($2R_1 + R_2 + 2C_1 + 2C_3$) ; simplicité : 7 ; exactitude : 4 ; 1 droite, 2 cercles.

Si c'est l'angle AOB qu'il faut diviser, j'ai, de plus, à tracer un cercle O(OA), OA étant quelconque ($C_1 + C_3$), qui coupe OB en B et OA en A. Le symbole sera op. : ($2R_1 + R_2 + 3C_1 + 3C_3$) ; simplicité : 9 ; exactitude : 5 ; 1 droite, 3 cercles.

Remarque. — Si l'on veut tracer les deux bissectrices des angles que deux droites forment entre elles, le symbole est op. : ($4R_1 + 2R_2 + 4C_1 + 4C_3$).

Cas où le sommet de l'angle formé par les deux droites données est hors de l'épure.

Je suis la construction généralement indiquée dans les traités de Géométrie. Soient AB et CD les deux droites données. On mène une perpendiculaire quelconque EP sur AB et une perpendiculaire quelconque FQ sur CD ($4R_1 + 2R_2 + 4C_1 + 2C_2 + 6C_3$). Sur ces perpendiculaires, dans le sens convenable, on prend deux longueurs égales FH, EG ($2C_1 + 2C_3$) puis par H on mène une parallèle à CD et par G une parallèle à AB ($4R_1 + 2R_2 + 10C_1 + 6C_3$) ; le point de rencontre M de ces deux lignes est un point de la bissectrice cherchée ; on place de la même manière un second point M′ de cette bissectrice ($8R_1 + 4R_2 + 16C_1 + 2C_2 + 14C_3$) ; on trace MM′ ($2R_1 + R_2$).

En tout ; op. : ($18R_1 + 9R_2 + 32C_1 + 4C_2 + 28C_3$) ; simplicité : 91 ; exactitude : 54 ; 9 droites, 28 cercles.

L'emploi de l'*équerre* conduirait au symbole op. : ($2R_1 + 16R'_1 + 9R_2 + 8E + 4C_1 + 4C_3$) ; simplicité : 43 ; exactitude : 30 ; 9 droites, 4 cercles.

Cette construction dite très simple par le géomètre est, en effet, excellente pour lui car elle est intuitive dans son développement, mais, pour le géométrographe, elle est détestable.

En nous bornant à compter ainsi servilement les constructions indiquées, sans les modifier dans leur ordre ou dans leur nature, nous remplissons le premier objet de la Géométrographie, c'est-à-dire compter les opérations.

Mais si l'on construit la bissectrice d'après cette solution géométrique, il est certain que, sans aucune notion de Géométrographie, on pourra éviter un tel luxe de constructions inutiles et que l'on apercevra des *simplifications*, par exemple qu'il suffit de mener une perpendiculaire à chacune des droites, puisqu'on peut prendre sur elles deux autres longueurs égales entre elles FH′, EG′, etc., et obtenir le second point M′, etc., que, si l'on emploie *l'équerre*, on devra mener dans une même opération d'abord les deux perpendiculaires à CD, et les deux perpendiculaires à AB dans une autre, au lieu d'en faire 4, etc. ; pour un géomètre habitué à effectuer des constructions, la chose ne semble pas faire de doute, mais cependant l'idée de la simplification *systématique* d'une construction donnée est si peu, jusqu'ici, dans l'esprit du géomètre qu'il pourra les exécuter machinalement telles qu'elles sont énoncées ; j'ai fait l'expérience, pour ce problème, sur quatre personnes et il n'y en a qu'une seule qui ait légèrement simplifié l'opération.

On apercevra un autre côté de la Géométrographie en se

proposant, non plus de compter seulement les constructions faites, mais de chercher à obtenir les points M et M′ le plus simplement possible, sans changer d'abord le principe de la construction. Voici un moyen qui se présente naturellement à l'esprit :

Je trace un cercle quelconque (C_3) mais coupant l'une des droites données AB en E et E_1, l'autre CD en F et F_1 ; par le moyen de ce cercle, je mène les perpendiculaires à la droite AB en E et en E_1 et à la droite CD en F et en F_1 ($16 R_1 + 8 R_2$). Je prends dans le sens convenable, sur ces perpendiculaires, $Ee = E_1 e_1 = F f = F_1 f_1$; je trace ee_1, ff_1 qui se coupent en M ($4 R_1 + 2 R_2 + 4 C_1 + 4 C_3$) ; j'ai de même M′ par ($4 R_1 + 2 R_2 + 3 C_1 + 4 C_3$) en prenant $E e' = E_1 e'_1 = F f' = F_1 f'_1$ et traçant $e' e'_1$, $f' f'_1$; enfin je trace MM′ ($2 R_1 + R_2$) ; op. : ($26 R_1 + 13 R_2 + 7 C_1 + 9 C_3$) ; simplicité : 55 ; exactitude : 33 ; 13 droites, 9 cercles.

Pour placer M′, j'ai compté un C_1 de moins que pour placer M, parce que, en supposant que j'aie placé les points e, e_1, f, f_1 dans cet ordre, je laisse la pointe en F_1 pour placer f'_1 en modifiant seulement l'ouverture du compas.

En s'appuyant sur le même principe du tracé de parallèles équidistantes des deux droites, on peut encore diminuer le symbole précédent en opérant ainsi : de deux points quelconques comme centre (un point étant pris sur chaque droite), on décrit deux cercles de même rayon quelconque, on obtient facilement dans ces cercles des cordes parallèles à la droite sur laquelle est leur centre et équidistantes de ces droites ; ces cordes se coupent en un point de la bissectrice cherchée, etc. On arriverait à la trouver ainsi par : op. : ($10 R_1 + 5 R_2 + 7 C_1 + 2 C_2 + 10 C_3$) ; simplicité : 34 ; exactitude : 19 ; 5 droites, 10 cercles.

Après avoir étudié le symbole de diverses constructions de ce même problème, je suis arrivé, finalement, à choisir, comme construction géométrographique, celle qui suit :

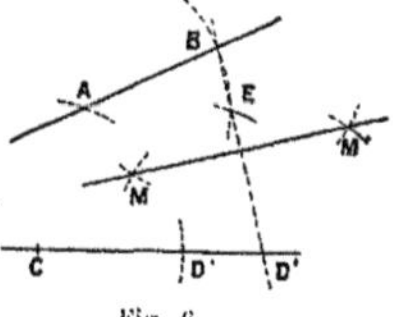

Fig. 6.

(*Construction géométrographique*) (fig. 6). — C étant un point arbitraire de CD, je trace un cercle C (ρ) ($C_2 + C_3$) de rayon arbitraire, qui coupe CD en D, AB en A. Je trace A (ρ) ($C_1 + C_3$) qui coupe AB en B, puis D (ρ) ($C_1 + C_2$) qui coupe A (ρ) en E du même côté de CD que A. Je trace BE ($2R_1 + R_2$) qui coupe CD en D′. Comme la figure AEDC serait un losange, AE serait parallèle à CD, EAB serait isocèle ainsi que BOD′, si l'on appelle O le point où se couperaient CD et AB. La perpendiculaire au milieu de BD′ sera donc la droite cherchée, laquelle s'obtient en traçant les deux cercles B (ρ') ($C_1 + C_3$), D′ (ρ') ($C_1 + C_3$), ρ' étant quelconque, qui se coupent en M et M′ et traçant MM′ ($2R_1 + R_2$). Op. : ($4R_1 + 2R_2 + 4C_1 + C_2 + 5\ C_3$); simplicité : 16 ; exactitude : 9 ; 2 droites, 5 cercles.

Si l'on voulait employer l'équerre, on mènerait une parallèle quelconque AE à CD ($2\ R'_1 + R_2$), on décrirait un cercle quelconque A (AE) coupant AE en E et AB en B ($C_1 + C_3$), on tracerait BE ($2R_1 + R_2$), coupant DC en D′, puis on tracerait la perpendiculaire au milieu de BD′ ($2R_1 + R_2 + 2C_1 + 2C_3$) ; op. : ($4R_1 + 2R'_1 + 3R_2 + 3C_1 + 3C_3$) ; simplicité : 15 ; exactitude : 9 ; 3 droites, 3 cercles.

De 91 opérations élémentaires à 16 avec la Géométrographie canonique et de 43 à 15 en admettant l'emploi de l'équerre, telles sont les réductions que la Géométrographie conduit à opérer dans la construction de ce très simple problème.

XXVII. — **Par un point E tracer une parallèle à l'une des bissectrices de l'angle formé par deux droites données AB, AC.**

(*Construction géométrographique*). — Je trace A (AE) ($2C_1 + C_3$) qui coupe AB en B et en B′, AC en C et C′. Je trace C′ (BE) ($3C_1 + C_3$) qui coupe A (AE) en E′, EB et C′E′ étant de même sens. Je trace EE′ ($2R_1 + R_2$), c'est la droite cherchée ; op. : ($2R_1 + R_2 + 5C_1 + 2C_3$); simplicité : 10 ; exactitude : 7 ; 1 droite, 2 cercles.

Construction et symboles identiques pour la parallèle à l'autre bissectrice, seulement au lieu de décrire C′ (BE) je décris C (BE) qui coupe A (AE) en E″, etc.

XXVIII. — **Par un point A, mener une droite au point de concours inaccessible O de deux droites B B′, C C′.**

(*Construction géométrographique*). — Je trace deux droites quelconques ($2R_2$) qui coupent BB′ l'une en B, l'autre en B′ et CC′ la première en C, l'autre en C′. Je trace AB′ qui coupe BC en β ($2R_1 + R_2$), AC qui coupe B′C′ en α ($2R_1 + R_2$) ; je trace C′β, Bα ($4R_1 + 2R_2$) qui se coupent en N. Je trace AN ($2R_1 + R_2$), c'est la droite cherchée, ainsi qu'il est facile de le voir en considérant l'hexagone BB'β C'C α B inscrit dans la conique formée par les deux droites CB, C'B' et dont les côtés BB', CC'; βB', Cα; βC', α B doivent avoir leurs intersections O, A, N en ligne droite; op. : ($10R_1 + 7R_2$); simplicité ; 17 ; exactitude : 10 ; 7 droites. Ce tracé, toujours commode, est dû à M. Maurice d'Ocagne, *Journal de Math. élém*. de M. de Longchamps 1886, p. 59.

Avec *l'équerre* : je trace deux droites quelconques parallèles entre elles ($2R_2$), l'une coupant OB en B, OC en C, l'autre coupant OB en B', OC en C'. Par B' je mène une parallèle à A B et par C' une parallèle à AC ($4R'_1 + 2E + 2R_2$), ces parallèles se coupent en A_1, je trace AA_1 ($2R_1 + R_2$); op. : ($2R_1 + 4R'_1 + 2E + 5R_2$) ; simplicité : 13 ; exactitude : 8 ; 5 droites.

XXIX. — **Construire un triangle ABC connaissant un côté *a* et les deux angles adjacents B et C.**

En ne construisant sur aucune des données et en se servant pour construire les angles du rayon *a* qu'il faut prendre pour placer BC, on trouvera op. : ($4R_1 + 3R_2 + 11C_1 + C_2 + 6C_3$); simplicité : 25 ; exactitude : 16 ; 3 droites, 6 cercles.

XXX. — **Construire un triangle connaissant un côté BC, l'angle opposé A et un des deux autres angles B.**

La construction classique est de déterminer le troisième angle du triangle (construction XVI) ($2R_1 + 2R_2 + 8C_1 + C_2 + 5C_3$) et d'appliquer la construction précédente ($4R_1 + 3R_2 + 11C_1 + C_2 + 6C_3$) ; le symbole est alors : op. : ($6R_1 + 5R_2 + 19C_1 + 2C_2 + 11C_3$) ; simplicité : 43 ; exactitude : 27 ; 5 droites, 11 cercles.

(*Construction géométrographique*). Je trace une droite sur laquelle je prends BC égale au côté donné ($R_2 + 2C_1 + C_2 + C_3$). Je fais en B avec BC un angle égal à l'angle donné, en utilisant le cercle tracé pour placer BC ($2R_1 + R_2 + 4C_1 + 2C_3$); de C, en utilisant aussi le même cercle, je trace, du côté convenable, la droite CA telle que $\widehat{CAB}$ égale $\widehat{A}$ (construction XV) ($2R_1 + R_2 + 7C_1 + 4C_3$) ; le symbole total est donc : op. : ($4R_1 + 3R_2 + 13C_1 + C_2 + 7C_3$) ; simplicité : 28 ; exactitude : 18 ; 3 droites, 7 cercles.

En employant *l'équerre*, on trouverait le symbole op. : ($2R_1 + 2R'_1 + E + 3R_2 + 10C_1 + C_2 + 5C_3$); simplicité : 24 ; exactitude : 16 ; 3 droites, 5 cercles.

XXXI. — **Construire un triangle ABC connaissant deux côtés CA et BA et l'angle B opposé à l'un d'eux.**

(*Construction géométrographique*). S'il y a 2 solutions, elles seront construites par le symbole op. : $(6R_1+4R_2+9C_1+C_2+4C_3)$; simplicité : 24 ; exactitude : 16 ; 4 droites, 4 cercles, s'il n'y en a qu'une par op. : $(4R_1+3R_2+9C_1+C_2+4C_3)$; simplicité : 21 ; exactitude : 14 ; 3 droites, 4 cercles.

XXXII. — **Construire un triangle connaissant les 3 côtés.**

(*Construction géométrographique*).—On trouve le symbole op. : $(4R_1+3R_2+8C_1+C_2+3C_3)$; simplicité : 19 ; exactitude : 13 ; 3 droites, 3 cercles.

XXXIII. — **Tracer le cercle circonscrit à un triangle donné par ses trois sommets A, B, C, ou tracer un cercle passant par trois points.**

Pour placer le centre O, on a $(4R_1+2R_2+3C_1+3C_3)$, puis on met une pointe en O, l'autre en A et l'on trace O (OA) $(2C_1+C_3)$: op. : $(4R_1+2R_2+5C_1+4C_3)$; simplicité : 15 ; exactitude : 9 ; 2 droites, 4 cercles.

XXXIV. — **Mener, par un point donné A, une tangente à un cercle.**

Premier cas. Le point A est sur le cercle.

(*Construction géométrographique*) (fig. 7.)— B étant un autre point quelconque du cercle, je trace B (BA) $(C_1+C_2+C_3)$ qui coupe le cercle donné en A′ ; je trace A (AA′) $(2C_1+C_3)$ qui coupe B (BA) en C. Je trace CA $(2R_1+R_2)$, c'est la tangente cherchée ; car BA est la bissectrice de l'angle A′ AC ; la mesure de BAA′ = BAC est 1/2 arc BA′ = 1/2 arc BA. BAC ayant pour mesure 1/2 arc BA, AC est la tangente en A au cercle. On voit que cette construction n'exige pas que le centre du cercle O soit placé ; op. : $(2R_1+R_2+3C_1+C_2+2C_3)$; simplicité : 9 ; exactitude : 6 ; 1 droite, 2 cercles.

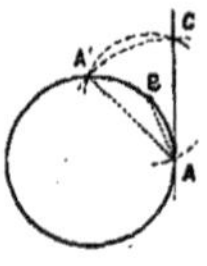

Fig. 7.

Remarquons qu'avec le compas seul on peut ainsi déterminer une infinité de points C de la tangente en A à un cercle, tels cependant que $CA < 2R$.

Remarquons aussi que si un cercle est donné par les trois points A′, B, A où BA′ = BA, on pourra employer cette construction, sans tracer le cercle, pour mener la tangente à ce cercle soit en A soit en A′.

Le symbole de la construction classique serait le tracé de OA ($2R_1+R_2$), celui de la perpendiculaire en A à OA ($2R_1+R_2+3C_1+3C_3$) : op. : ($4R_1+2R_2+3C_1+3C_3$) ; simplicité : 12 ; exactitude : 7 ; 2 droites, 3 cercles.

En employant la construction géométrographique pour mener la perpendiculaire en A à OA, on trouverait op. : ($6R_1+3R_2+C_1+C_3$) ; simplicité : 11 ; exactitude : 7 ; 3 droites, 1 cercle.

Avec l'*équerre* le symbole serait op. : ($2R'_1+E+R_2$) ; simplicité : 4 ; exactitude : 3 ; 1 droite.

Deuxième cas. Le point A est hors du cercle.

(*Première construction géométrographique*) (fig. 8). — Je trace

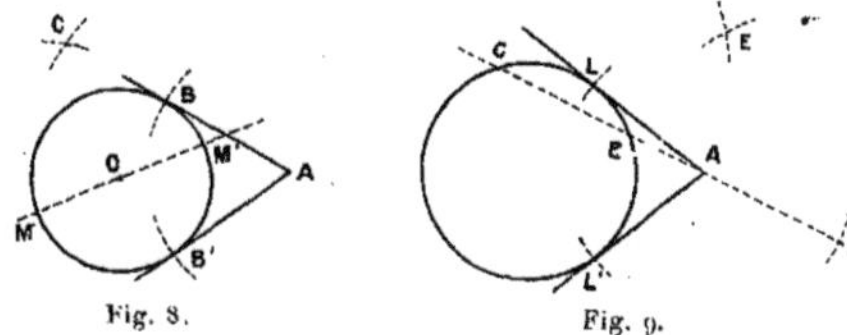

Fig. 8. Fig. 9.

un diamètre quelconque dont les extrémités sont M et M' (R_1+R_2). Je trace les cercles M (OA) ($3C_1+C_3$), M' (OA) (C_1+C_3) se coupant en C, puis le cercle A (CO) ($3C_1+C_3$) qui coupe le cercle donné aux points de contact B et B' ; je trace alors AB, AB' ($4R_1+2R_2$) qui sont les tangentes menées par A au cercle donné ; on voit, en effet, que les triangles COM, ABO seraient égaux comme ayant leurs côtés égaux et que, par suite, l'angle ABO serait droit ; op. : ($5R_1+3R_2+7C_1+3C_3$) ; simplicité : 18 ; exactitude : 12 ; 3 droites, 3 cercles.

Pour obtenir le symbole de la construction classique, il faut tracer OA ($2R_1+R_2$) ; sur OA comme diamètre, décrire une circonférence ($2R_1+R_2+4C_1+3C_3$) qui coupe le cercle donné en B et B' ; tracer AB, AB' ($4R_1+2R_2$) ; op. : ($8R_1+4R_2+4C_1+3C_3$) ; simplicité : 19 ; exactitude : 12 ; 4 droites, 3 cercles.

(*Deuxième construction géométrographique*) (fig. 9.) — Je trace par A une droite quelconque coupant le cercle en B et C (R_1+R_2), les trois points se suivant dans cet ordre A, B, C ;

je trace C (CA) $(2C_1+C_3)$, B (CA) (C_1+C_3), qui coupe BA en D de l'autre côté de B que C, puis D (CA) (C_1+C_3), qui coupe C (CA) en E.

EB ou EA, qu'il est inutile de tracer, est la moyenne proportionnelle entre AB et AC, car les deux triangles isocèles CEA, EBA seraient semblables comme ayant un angle à la base EAC commun et donneraient

$$\frac{AB}{AE}=\frac{AE}{AC} \text{ ou } \overline{AE}^2=AB.AC.$$

Je trace A (AE) $(2C_1+C_3)$ qui coupe le cercle donné aux points de contact L et L', je trace alors AL, AL' $(4R_1+2R_2)$; op. : $(5R_1+3R_2+6C_1+4C_3)$; simplicité : 18 ; exactitude : 11 ; 3 droites, 4 cercles.

Cette construction n'exige pas que le centre du cercle soit placé.

Si l'on avait à tracer non seulement les tangentes AB, AB' mais le diamètre OA et les rayons OB, OB', ce qui arrive assez souvent, il faudrait tracer OA $(2R_1+R_2)$ qui coupe le cercle donné en C et C'; tracer O (CC') $(3C_1+C_3)$; tracer A (AO) $(2C_1+C_3)$ qui coupe O (CC') en D et D'; tracer OD, OD' $(4R_1+2R_2)$ qui coupent le cercle donné aux points de contact B et B', enfin tracer AB, AB' $(4R_1+2R_2)$; op. : $(10R_1+5R_2+5C_1+2C_3)$; simplicité : 22 ; exactitude : 15 ; 5 droites, 2 cercles.

Dans la construction XXXIV l'*équerre* n'a pas d'emploi quand A est extérieur au cercle.

XXXV. — **Une droite AB étant donnée ainsi que deux longueurs *p* et *q* la diviser au point C de telle façon que**

$$1^\circ\ \frac{AC}{CB}=\frac{p}{q}\ ; \qquad 2^\circ\ \frac{AC}{BC}=-\frac{p}{q}\ ;$$

$$3^\circ\ \frac{AC}{AB}=\frac{p}{q}\ ; \qquad 4^\circ\ \frac{AC}{BA}=\frac{p}{q}\ .$$

Première construction canonique. — Ces problèmes se construisent *classiquement* d'une façon uniforme que voici : on trace par A une droite quelconque (R_1+R_2) sur laquelle on place les points γ et β de façon que l'on ait pour 1° $A\gamma=p$; $\gamma\beta=q$. Pour 2° $A\gamma=p$; $\gamma\beta=-q$. Pour 3° $A\gamma=p$; $A\beta=q$. Pour 4° $A\gamma=-p$; $A\beta=q$ $(6C_1+2C_3)$; puis par γ sans tracer $B\beta$

on mène une parallèle à $B\beta$ $(2R_1 + R_2 + 5C_1 + 2C_3)$ qui coupe AB en C ; op. : $(3R_1 + 2R_2 + 11C_1 + 4C_3)$; simplicité : 20 ; exactitude : 14 ; 2 droites, 4 cercles.

Avec l'*équerre*, op. : $(R_1 + 2R'_1 + E + 2R_2 + 6C_1 + 2C_3)$; simplicité : 14 ; exactitude : 10 ; 2 droites, 2 cercles.

Si l'on voulait faire en même temps les deux constructions 1° et 2° on aurait op. : $(5R_1 + 3R_2 + 16C_1 + 6C_3)$; simplicité : 30 ; exactitude : 21 ; 3 droites, 6 cercles.

Avec l'*équerre*, op. : $(R_1 + 4R'_1 + 2E + 3R_2 + 6C_1 + 2C_3)$; simplicité : 18 ; exactitude : 13 ; 3 droites, 2 cercles.

Construction géométrographique des problèmes 1° et 2° *séparés.*

Je trace A (p) $(3C_1 + C_3)$ qui coupe AB en α, α', les points α, A, α', B se suivant dans cet ordre, je trace α' (p) $(C_1 + C_3)$ qui coupe A (p) en ε. Je trace B (q) $(3C_1 + C_3)$ qui coupe AB en β, β', les points A, β, B, β' se suivant dans cet ordre ; je trace β (q) $(C_1 + C_3)$ qui coupe B (q) en δ' de l'autre côté de AB que ε, je trace $\varepsilon\delta'$ $(2R_1 + R_2)$ qui coupe AB en C et l'on a $\frac{AC}{CB} = \frac{p}{q}$. Si l'on voulait avoir $\frac{AC}{BC} = \frac{p}{q}$, il faudrait au lieu de β (q) tracer β' (q) coupant B (q) en δ du même côté de AB que ε. et tracer $\varepsilon\delta$ qui couperait AB au point cherché. Dans les deux cas on a pour symbole op. : $(2R_1 + R_2 + 8C_1 + 4C_3)$; simplicité : 15 ; exactitude : 10 ; 1 droite, 4 cercles.

Construction géométrographique simultanée des problèmes 1° et 2°.

On place, non δ ou δ', mais δ et δ' et l'on trace $\varepsilon\delta$, $\varepsilon\delta'$, le symbole total est : $(4R_1 + 2R_2 + 9C_1 + 5C_3)$; simplicité : 20 ; exactitude : 13 ; 2 droites, 5 cercles.

Construction géométrographique des problèmes 3° *et* 4° *séparés.* — Pour 3° : de $\frac{AC}{AB} = \frac{p}{q}$ on tire $\frac{AC}{AB - AC}$ ou $\frac{AC}{CB} = \frac{p}{q - p}$ et si l'on construit $q - p$ $(3C_1 + C_3)$ sur la figure ou sur les données p et q, on est ramené à 1°. Pour 4° : de $\frac{AC}{BA} = \frac{p}{q}$ on tire $\frac{AC}{AC + BA}$ ou $\frac{AC}{BC} = \frac{p}{p + q}$ et l'on est ramené à 2° après avoir construit $p + q$. Dans les 2 cas le symbole est op. : $(2R_1 + R_2 + 11C_1 + 5C_3)$; simplicité : 19 ; exactitude : 13 ; 1 droite, 5 cercles. Si l'on voulait faire en même temps les deux constructions 3° et 4°, comme $q - p$ et $q + p$ s'obtiennent en même temps par $(3C_1 + C_3)$ on aurait op. : $(4R_1 + 2R_2 + 12C_1 +$

$6C_3$) ; simplicité : 24 ; exactitude : 16 ; 2 droites, 6 cercles, mais ce n'est pas la construction géométrographique pour obtenir les 2 points en même temps.

Construction géométrographique simultanée des problèmes 3° et 4°. — Je prends sur AB, AP $= p$ $(3C_1 + C_3)$; je trace A (q) $(3C_1 + C_3)$; je trace P (ρ) et B (ρ) se coupant en ω ; je trace ω (ρ) $(3C_1 + 3C_3)$; ρ est quelconque mais assez grand pour que ω (ρ) coupe A (q) en Q. Je trace AQ $(2R_1 + R_2)$ qui coupe ω (ρ) en R. Je trace A (AR) $(2C_1 + C_3)$ qui coupe AB en C dans le sens AB pour résoudre 3° et en C′ dans le sens BA pour résoudre 4° ; op. : $(2R_1 + R_2 + 11C_1 + 6C_3)$; simplicité : 20 ; exactitude : 13 ; 1 droite, 6 cercles.

L'*équerre* n'a pas d'emploi.

XXXVI. — Décrire sur une droite donnée AB un segment capable d'un angle donné $\varepsilon\gamma\alpha$.

Première construction (classique). — On aura une droite BO passant par le centre O du segment cherché, en construisant au point B au-dessus de AB un angle égal au complément de l'angle donné $\varepsilon\gamma\alpha$; puis, en élevant une perpendiculaire au milieu de AB, on aura le centre O, enfin on tracera O (OB).

J'élève en γ, par la construction classique, une perpendiculaire $\gamma\gamma'$ à $\gamma\varepsilon$ $(2R_1 + R_2 + 3C_1 + 3C_3)$, je fais en B avec AB l'angle ABO $= \gamma'\gamma\alpha$ $(2R_1 + R_2 + 5C_1 + 3C_3)$; j'élève la perpendiculaire au milieu de AB $(2R_1 + R_2 + 2C_1 + 2C_3)$; je trace O (OB) $(2C_1 + C_3)$.

En tout : op. : $(6R_1 + 3R_2 + 12C_1 + 9C_3)$; simplicité : 30 ; exactitude : 18 ; 3 droites, 9 cercles.

En prenant la précaution de modifier dans la *construction*, l'ordre d'opération de la *solution*, ordre qui oblige à répéter

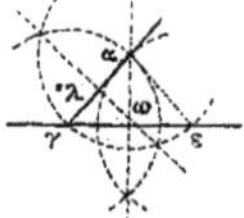

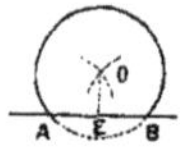

Fig. 10.

des opérations qu'on pourrait ne pas faire, on peut économiser d'abord $(C_1 + C_3)$ en élevant la perpendiculaire au milieu de

AB en même temps que la perpendiculaire en γ à $\gamma\varepsilon$ et encore $(C_1 + C_3)$ en se servant des cercles déjà tracés pour faire l'angle $OBA = \gamma'\gamma\alpha$. Le symbole de la construction classique tracée géométrographiquement est donc : op. : $(6 R_1 + 3 R_2 + 10 C_1 + 7 C_3)$; simplicité : 26 ; exactitude : 16 ; 3 droites, 7 cercles.

Deuxième construction (fig. 10). — Soit $\alpha\gamma\varepsilon$ l'angle donné ; si l'on considère le triangle isocèle $\alpha\gamma\varepsilon$ où $\gamma\alpha = \alpha\varepsilon = AB$ et dont le centre du cercle circonscrit est ω, si l'on appelle λ, E les milieux de $\gamma\alpha$ et de AB, les triangles rectangles OEB et $\omega\lambda\alpha$ sont égaux comme ayant les angles OBE, $\omega\alpha\lambda$ égaux et $EB = \alpha\lambda$; $\omega\alpha$ sera donc le rayon du cercle segment capable cherché.

Je construis $\omega\lambda\alpha$ de la façon suivante : je trace γ (AB) $(3 C_1 + C_3)$ qui place α, α (AB) $(C_1 + C_3)$ qui place ε, je trace ε (AB) $(C_1 + C_3)$, puis l'intersection des deux cercles ε (AB), γ (AB) $(2 R_1 + R_2)$, ce qui place $\alpha\omega$; puis l'intersection des deux cercles γ (AB), α (AB) $(2 R_1 + R_2)$ qui place $\omega\lambda$ et, par suite, ω. Pour placer O maintenant, je trace A $(\omega\alpha)$, B $(\omega\alpha)$ $(4 C_1 + 2 C_3)$ dont O est l'intersection ; je trace enfin O $(\omega\alpha)$ $(C_1 + C_3)$, cercle auquel appartient le segment cherché ; op. : $(4 R_1 + 2 R_2 + 10 C_1 + 6 C_3)$; simplicité : 22 ; exactitude : 14 ; 2 droites, 6 cercles.

Troisième construction. — Si O est le centre du segment capable, l'angle OAB est égal au complément de l'angle donné, pour tracer AO nous emploierons la méthode donnée construction XVII, seulement nous placerons en B le *point* appelé μ dans la construction XVII et nous tracerons aussi A (BA) après B (AB), deux choses qui augmentent le symbole du tracé de AO de $(2 C_1 + C_3)$, ce symbole est donc : $(2 R_1 + R_2 + 8 C_1 + 5 C_3)$; traçons la perpendiculaire au milieu de AB par l'intersection des deux cercles déjà tracés B (BA), A (BA) $(2 R_1 + R_2)$ elle coupe AO en O, je trace O (OA) $(2 C_1 + C_3)$ c'est le segment cherché op. : $(4 R_1 + 2 R_2 + 10 C_1 + 6 C_3)$; simplicité : 22 ; exactitude : 14 ; 2 droites, 6 cercles.

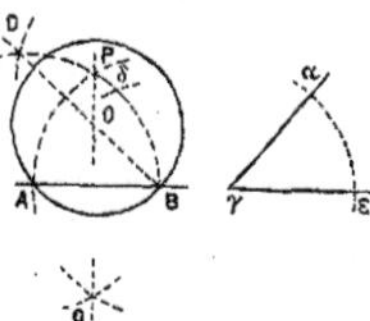

Fig. 11.

Quatrième construction. — Je trace (fig. 11) A (AB), B (AB) $(3 C_1 + 2 C_3)$ qui se coupent en P et en Q ; je trace γ (AB) $(C_1 + C_3$

qui coupe $\gamma\alpha$ en α, $\gamma\varepsilon$ en ε. Je prends $\alpha\varepsilon$ dans le compas et je porte 2 fois cette longueur sur A (AB) à partir de B, de B en δ et de δ en D ($4C_1 + 2C_3$). Je trace BD, PQ ($4R_1 + 2R_2$) qui se coupent en O, je trace O (OA), ($2C_1 + C_3$) ce cercle est le segment capable cherché; op. : ($4R_1 + 2R_2 + 10C_1 + 6C_3$) ; simplicité : 22 ; exactitude : 14 ; 2 droites, 6 cercles.

Remarquons que ces trois dernières constructions ont non seulement même coefficient de simplicité, mais que leurs symboles sont identiques.

Construction géométrographique. 1° *Construction auxiliaire.* — *Faire en* A *avec* AB *un angle* FAB *complémentaire de l'angle* $\varepsilon\gamma\alpha$. Je trace un cercle quelconque μ (ρ) passant en γ ($C_1 + C_3$), il coupe $\gamma\varepsilon$ en ε, $\gamma\alpha$ en α ; je trace A (ρ) ($C_1 + C_3$) qui coupe AB en I dans le sens AB ; je trace I (ρ) ($C_1 + C_3$) ; je trace A ($\varepsilon\alpha$) ($3C_1 + C_3$) qui coupe I (ρ) en F ; je trace AF ($2R_1 + R_2$); op. : ($2R_1 + R_2 + 6C_1 + 4C_3$) ; simplicité : 13 ; exactitude : 8 ; 1 droite, 4 cercles. C'est une *seconde construction géométrographique* du problème XVII.

2° *Construction.* — Je trace AF ($2R_1 + R_2 + 6C_1 + 4C_3$) en ayant eu soin de tracer en plus B (ρ) ($C_1 + C_3$) après I (ρ) et de prendre $\rho > \frac{AB}{2}$ pour que A (ρ) et B (ρ) se coupent; je trace l'intersection de ces deux cercles ($2R_1 + R_2$), elle coupe AF en O ; je trace enfin O (OA) ($2C_1 + C_3$) ; op. : ($4R_1 + 2R_2 + 9C_1 + 6C_3$) ; simplicité : 21 ; exactitude : 13 ; 2 droites, 6 cercles. Cet ingénieux artifice qui déduit immédiatement la construction géométrographique de la solution classique, vient de m'être indiqué par M. G. Tarry.

Si AB n'est pas tracé il vaut mieux se servir de l'une des constructions 2e, 3e, 4e, qui n'exigent pas le tracé de AB.

L'*équerre* ne peut pas être employée bien utilement pour construire un segment capable, du moins par son emploi qui, d'ailleurs, n'est indiqué que dans la construction classique pour tracer AO, je n'ai pu arriver à une simplicité inférieure à 20.

XXXVII. **Mener les tangentes communes à deux cercles O et O' de rayons R et R'.**

Nous allons traiter le cas le plus défavorable où les deux cercles sont extérieurs, il y a par conséquent quatre tangentes communes à tracer.

Première construction classique. — La construction indiquée partout de la même façon, ne l'est, naturellement, qu'au point de vue du géomètre, sans entrer dans les détails *précis* d'exécution.

R étant supposé le plus grand rayon, on décrit la circonférence O (R + R'), on mène de O' la tangente à cette circonférence auxiliaire, etc.; en construisant, d'après les errements anciens, sans l'idée de la recherche *systématique* de simplifications, on arrive, pour construire les quatre tangentes, au symbole : op. : $(28R_1 + 14R_2 + 31C_1 + 19C_3)$; simplicité : 92 ; exactitude : 59; 14 droites, 19 cercles.

Sans nul principe de Géométrographie, il y a des simplifications évidentes et, avec un peu d'attention, on n'arriverait pas à un symbole aussi élevé; mais, exécutée devant moi, par des géomètres *non prévenus*, elle n'a jamais été faite avec moins de 78 opérations élémentaires. En la traitant économiquement, suivant les principes géométrographiques, sans *rien changer* à la solution géométrique, on arrive au symbole : op. : $(24R_1 + 12R_2 + 11C_1 + 8C_3)$; simplicité : 55 ; exactitude : 35 ; 12 droites, 8 cercles, et je ne voudrais pas affirmer qu'il ne puisse encore être un peu diminué.

Deuxième construction classique. — Elle s'appuie sur la considération des centres de similitude ; en exécutant les opérations comme on les indique habituellement, on arrive au symbole : op. : $(21R_1 + 11R_2 + 13C_1 + 9C_3)$; simplicité : 54 ; exactitude : 34 ; 11 droites, 9 cercles.

Elle ne prête pas à des simplifications aussi nombreuses que la première, car en l'exécutant avec l'économie géométrographique, je trouve le symbole : op. : $(18R_1 + 9R_2 + 12C_1 + 8C_3)$; simplicité : 47 ; exactitude : 30 ; 9 droites, 8 cercles.

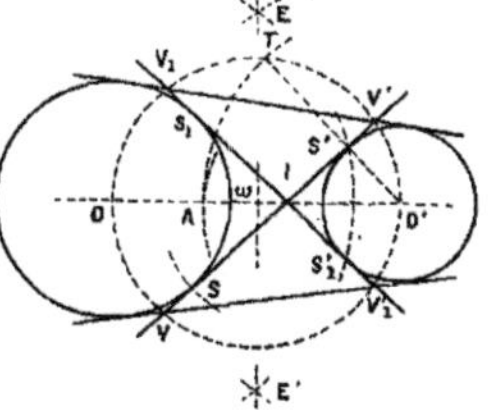

Fig. 12.

Si elle a l'inconvénient d'être, telle quelle, souvent inexécutable parce qu'il faudrait sortir des limites de l'épure, ce qui n'a pas lieu pour la première, *elle paraît*, en tous cas, et est dite, à tort, par les géomètres, plus simple que la première.

L'*équerre* n'apporterait aucune diminution du symbole.

Troisième construction. — (fig. 12) Comme pour toutes les constructions à exécuter, on doit faire un croquis afin d'étudier les simplifications de tracé dont la solution géométrique est susceptible ; en supposant le croquis fait, je vois que si j'appelle V, V_1, V', V'_1 les points d'intersection des quatre tangentes communes, V_1V', VV'_1 étant les deux tangentes communes extérieures, VV', $V_1V'_1$ les deux intérieures, les quatre points V, V', V_1, V'_1 sont sur le cercle décrit sur OO' comme diamètre. Si l'une des tangentes communes, VV' par exemple, est tracée ainsi que ce cercle, la construction s'achèvera avec une extrême simplicité.

Je vais déterminer la tangente VV' en me servant du principe géométrique de la première construction, c'est-à-dire mener du point O une tangente au cercle O' $(R + R')$.

Je trace OO' $(2R_1 + R_2)$; ρ étant plus grand que $\frac{OO'}{2}$, je trace dans cet ordre O' (ρ), O (ρ) $(2C_1 + 2C_3)$ qui se coupent en E et en E' ; la pointe étant en O, je prends R dans le compas (C_1), je place alors A sur $O'O$ tel que $O'A = R + R'$, $O'A$ et $O'O$ étant de même sens $(C_1 + C_3)$; je trace EE' $(2R_1 + R_2)$ qui coupe OO' en ω ; je trace ω (ωO) $(2C_1 + C_3)$, c'est le cercle décrit sur OO' comme diamètre. Je trace O' $(O'A)$ $(2C_1 + C_3)$ qui coupe ω (ωO) en T au-dessus de OO' ; je trace $O'T$ $(2R_1 + R_2)$ qui place sur le cercle O' le point de contact S' de la tangente intérieure VV' ; je trace O (OS') $(2C_1 + C_3)$ qui place, sur le cercle O', le point de contact S_1' de la tangente intérieure $V_1V'_1$. Si S est le point de contact sur O de la tangente intérieure VV', le quadrilatère $OSS'T$ est un rectangle, dont j'ai pris, pour placer S, le côté OT dans le compas pendant que la pointe était en O pour y tracer O (OS') (C_1), je trace S' (OT) $(C_1 + C_3)$ qui coupe le cercle O en S au-dessous de OO' ; je trace SS' $(2R_1 + R_2)$, c'est une tangente intérieure qui coupe OO' en I ; je trace $S_1'I$ $(2R_1 + R_2)$ seconde tangente intérieure. SS' et $S_1'I$ déterminent sur la circonférence décrite sur OO' comme diamètre les points V, V', V_1, V'_1, je n'ai plus qu'à tracer V_1V', VV_1' $(4R_1 + 2R_2)$. Ce sont les deux tangentes extérieures : op. : $(14R_1 + 7R_2 + 12C_1 + 7C_3)$; simplicité : 40 ; exactitude : 26 ; 7 droites, 7 cercles.

Voici quelques remarques importantes : La seconde construction était réputée plus simple que la première — et le paraissait incontestablement, — on voit cependant, en traitant la première comme il convient par la méthode géométrographique, que c'est elle que l'on réduit à être plus simple et elle ne dépasse jamais les limites de l'épure, ce qui n'est pas le cas pour la seconde construction classique.

Quand on cherche à réduire les symboles, il faut souvent tenir compte de l'ordre dans lequel on effectue les constructions; ainsi, si l'on change l'ordre dans lequel nous avons indiqué les premières opérations de cette construction en traçant les lignes au fur et à mesure qu'elles se présentent dans le raisonnement géométrique sans modifier cet ordre suivant les simplifications qui en peuvent résulter, on trouvera que le symbole est augmenté de quelques unités. Cela montre encore l'utilité du croquis préalable pour discuter la construction. On profite aussi de ce croquis pour étudier lorsque, *dans la pratique*, on a plusieurs compas, les simplifications qui peuvent résulter en les employant ; elles se produisent toutes les fois que l'on a une certaine longueur dans le compas et qu'on est obligé de changer cette ouverture, pour la reprendre ensuite ; mais comme nous l'avons dit en commençant, l'établissement du symbole *géométrographique* d'une construction ne suppose que l'usage d'un seul compas.

Nos figures doivent souvent paraître, à l'œil, plus compliquées que les figures usuelles tracées pour développer les constructions, mais c'est une pure illusion ; les nôtres contiennent *toutes les lignes* qu'il faut tracer, et quelquefois d'autres en trait ponctué, pour servir à l'explication, tandis que les figures classiques ne contiennent que les lignes nécessaires à l'exposé et peu ou point des lignes auxiliaires tracées effectivement.

Quatrième construction. — On peut réduire encore le symbole en continuant à étudier la remarquable figure formée par deux cercles et leurs quatre tangentes communes, figure qui, pour le dire en passant, ne me semble pas avoir suffisamment attiré l'attention des géomètres.

Aux notations de la figure 12, nous ajoutons pour la figure 13, les suivantes : A_1 et A'_1 sont les intersections de OO' avec le cercle O et avec le cercle O', OA_1 étant dans le sens OO', $O'A'_1$ dans le sens $O'O$, ω' est le symétrique de ω par rapport au milieu de $A_1A'_1$; C_1, C sur O et C', C'_1 sur O' sont les points de contact des tangentes extérieures avec les cercles.

On sait (fig. 13) que le quadrilatère $C_1A_1A'_1C'$ est inscriptible. On voit aussi très facilement que C_1A_1 et $C'A'_1$ sont perpendiculaires, on en déduit que τ centre du cercle circonscrit à $C_1A_1A'_1C'$ est sur le cercle ω (ωO) décrit sur OO' comme diamètre, τ est aussi sur la perpendiculaire au milieu de $A_1A'_1$; de plus on a $\omega\tau = \omega'\tau$, remarque dont nous nous servirons pour placer τ. Enfin $\tau C_1 = \tau C' = \tau A_1$ puisque ce sont des rayons du cercle circonscrit à $C_1A_1A'_1C'$.

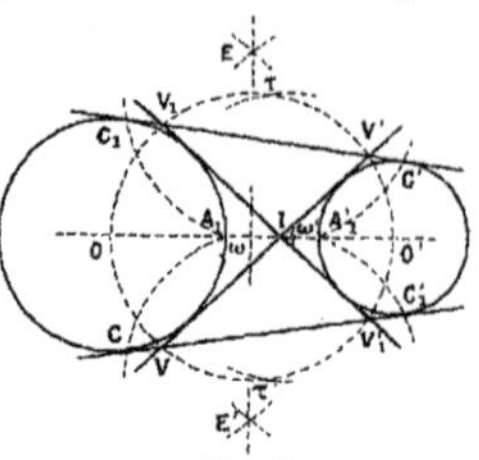

Fig. 13.

Je trace OO' $(2R_1 + R_2)$; je place ω milieu de OO' $(2R_1 + R_2 + 2C_1 + 2C_3)$; je trace A'_1 (ωA_1) $(3C_1 + C_3)$ qui place ω' sur OO' ; je trace ω (ωO) $(2C_1 + C_3)$ cercle décrit sur OO' comme diamètre ; je trace ω' (ωO) $(C_1 + C_3)$ qui coupe ω (ωO) en τ et en τ'. J'évite par cet artifice une partie des constructions nécessaires pour obtenir τ par le tracé de la perpendiculaire au milieu de $A_1A'_1$. Je trace τ (τA_1), τ' (τA_1) $(3C_1 + 2C_3)$ qui placent C_1, C', C, C'_1. Je trace C_1C', CC'_1 $(4R_1 + 2R_2)$ ce sont les tangentes communes extérieures qui placent V, V', V_1, V'_1 sur ω (ωO). Je trace VV', $V_1V'_1$ $(4R_1 + 2R_2)$, ce sont les tangentes intérieures ; op. : $(12R_1 + 6R_2 + 11C_1 + 7C_3)$; simplicité : 36 ; exactitude : 23 ; 6 droites, 7 cercles.

Première construction géométrographique. — (M. Gaston Tarry). Se rapporter à la figure 12 dont les notations sont suivies, mais j'appelle D le point de la circonférence O situé le plus près de O' et D' le point de la circonférence O situé le plus loin de O ; j'appelle J le point de OO' tel que JO pris de même sens que OD soit égal à R'. Je décris D $(\omega O')$, J $(\omega O')$ qui se coupent en H. Il est clair que les deux triangles isocèles JHD, $O'\omega T$ sont égaux ; $\omega S'$ et HO sont donc égaux, mais les quatre points de contact S, S', S_1, S_1' sont sur un même cercle de centre ω, on peut donc construire ainsi : je trace OO' $(2R_1 + R_2)$; je place ω $(2R_1 + R_2 + 2C_1 + 2C_3)$; je trace ω $(\omega D')$ $(2C_1 + C_3)$ qui place J ; la pointe étant en ω, je trace ω $(\omega O')$ $(C_1 + C_3)$ cercle décrit sur OO' comme diamètre ; je trace D $(\omega O')$, J $(\omega O')$ $(2C_1 + 2C_3)$ qui placent H ; je trace ω (HO) ($3C_1 + C_3$) qui place S, S', S_1, S_1' ; je trace SS' S_1S_1' ($4R_1 + 2R_2$), qui coupent ω (ωO') respectivement en V, V' et en V_1, V_1' ; je trace V_1V' et VV_1' ($4R_1 + 2R_2$); op. : ($12R_1 + 6R_2 + 10C_1 + 7C_3$); simplicité : 35 ; exactitude : 22 ; 6 droites, 7 cercles.

Deuxième construction géométrographique. — (M. le colonel Moreau). J'ajoute aux notations précédentes que B et B' sont respectivement les seconds points d'intersection de OO' avec les cercles O et O'. Je trace OO' ($2R_1 + R_2$) ; je trace O(BD') ($3C_1 + C_3$) qui coupe OO' dans le sens OO' en un point que j'appelle F (on a $O'F = R + R'$) ; je trace O'(BD') ($C_1 + C_3$) qui me servira tout à l'heure. Le compas étant en O', je trace O'(O'F) ($C_1 + C_3$) ; je place ω par l'intersection de O (BD') et de O'(BD') ($2R_1 + R_2$). Je trace ω (O'ω) ($2C_1 + C_3$) qui coupe O'(O'F) en T ; je trace O'T ($2R_1 + R_2$) qui place S' ; je trace ω(ωS') ($2C_1 + C_3$) qui place S, S_1, S_1' et je termine comme dans la construction précédente ($8R_1 + 4R_2$) ; op. : ($14R_1 + 7R_2 + 9C_1 + 5C_3$). Simplicité : 35 ; exactitude : 23 ; 7 droites, 5 cercles.

Les constructions géométrographiques précédentes ne s'appliquent pas au cas où les deux cercles se coupent, puisqu'on détermine d'abord les points de contact intérieurs ; on pourrait les conduire en déterminant d'abord les points de contact extérieurs. Pour cela, on les ferait partir de la considération du cercle O(R — R'), mais elles ne donneraient pas la construction géométrographique des deux tangentes communes, leur simplicité serait 29.

Construction géométrographique du cas où les deux cercles se coupent. — Soit (en conservant les notations de la figure 12) Q le centre de similitude externe des deux circonférences, γ le milieu de O'Q. On a $\frac{\gamma O'}{\gamma O} = \frac{R'}{2R - R'}$ et γ est le centre de similitude des deux cercles O'(R'), O(2R — R') ; le cercle γ(γO') donne les points de contact sur O'(R') ; donc : tracer OO', tracer le cercle O(2R—R') et placer γ($4R_1 + 2R_2 + 7C_1 + 4C_3$) ; tracer γ(γO') et tracer les deux tangentes ($4R_1 + 2R_2 + 2C_1 + C_3$) : op. : ($8R_1 + 4R_2 + 9C_1 + 5C_3$). Simplicité : 26 ; exactitude : 17 ; 4 droites, 5 cercles.

L'*équerre* n'a pas d'emploi utile pour la construction XXXVII.

XXXVIII. — **Trouver la quatrième proportionnelle X à trois lignes données M, N, P, ou construire $X = \left(\frac{NP}{M}\right)$**

Voici la construction classique : je trace un angle BAC de grandeur convenable ($2R_2$), sur AB je prends AB = M, AD = N ($6C_1 + 2C_3$) ; puis sur AC, je prends AC = P ($3C_1 + C_3$) ; je trace BC ($2R_1 + R_3$) et par D je trace une parallèle à BC ($2R_1 + R_2 + 5C_1 + 3C_3$) qui coupe AC en X. AX est la longueur cherchée ; op. : ($4R_1 + 4R_2 + 14C_1 + 6C_3$) ; simplicité : 28 ; exactitude : 18 ; 4 droites, 6 cercles.

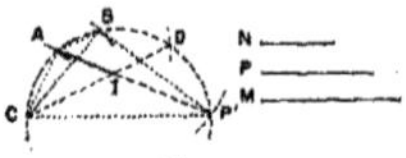

Fig. 14.

Construction géométrographique (fig. 14). — La construction s'appuie sur le lemme suivant :

Soient AB, CD *deux cordes parallèles dans un cercle ; soit* P′ *un point quelconque du cercle, I le point où* P′A *coupe* CD ; *on a, quel que soit* P′, P′B. AI = AC. CB.

Cela résulte immédiatement de la similitude des deux triangles CAI, P′BC.

D'un rayon quelconque, mais plus grand que la moitié de la plus grande des trois lignes données M, N, P, je trace une circonférence (C_3) ; sur elle je prends les cordes CA = N ($2C_1 + C_2 + C_3$), CB = P ($3C_1 + C_3$), AD = P ($C_1 + C_3$), BP′ = M ($3C_1 + C_3$), les arcs CA, CB, AD, BP′ étant parcourus dans le même sens ; je trace les droites CD, AP′ ($4R_1 + 2R_2$) qui se coupent en I ; AI est la quatrième proportionnelle cherchée : op. : ($4R_1 + 2R_2 + 9C_1 + C_2 + 5C_3$) ; simplicité : 21 ; exactitude : 14 ; 2 droites, 5 cercles.

On peut aussi, au lieu de placer P′ par BP′ = M, tracer A (M) qui coupe CD en I (ce qui suppose que le diamètre du cercle employé est plus grand que X), tracer AI qui coupe la circonférence ABC en P′ ; BP′ = X, obtenu ainsi avec le même symbole.

Remarque. — Nous avons déjà dit que, dans l'exposé des constructions géométrographiques, il ne fallait employer que des constructions *générales*. Ainsi par exemple, voici pour le problème que nous traitons une solution non générale, beaucoup plus simple que la construction géométrographique, mais elle exige que 2M soit plus grand que la plus grande des lignes N et P (fig. 15.)

O étant quelconque, je trace O (M) ($2C_1 + C_3$); d'un point C quelconque de O (M), je trace C (N) ($2C_1 + C_2 + C_3$) qui coupe O (M) en A, puis je trace A (P) ($3 C_1 + C_3$), qui coupe O (M) en B. C, A, B se suivant dans cet ordre sur O (M), je trace B (P) ($C_1 + C_3$), qui coupe C (N) en A'. AA', qu'il n'y a pas besoin de tracer, est la quatrième proportionnelle cherchée ; op. : ($8C_1 + C_2 + 4C_3$) ; simplicité : 13 ; exactitude : 9 ; 4 cercles.

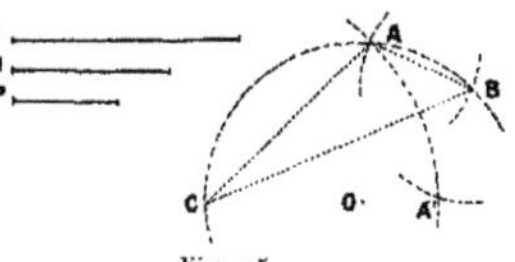

Fig. 15.

On ne pourra donc appliquer à une construction déterminée cette très simple construction que lorsqu'on aura établi qu'il y a, dans ce cas particulier, la relation exigée pour sa réussite.

XXXIX. — **Trouver la troisième proportionnelle à deux lignes données N et M, ou construire $X = \frac{N^2}{M}$.**

Première construction. — C'est le problème précédent lorsque N = P.

Suivant la construction classique, elle est obtenue par le symbole : op. : ($4R_1 + 4 R_2 + 11C_1 + 5C_3$) ; simplicité : 24 ; exactitude : 15 ; 4 droites, 5 cercles.

Construction géométrographique. — Elle se déduit de celle de la quatrième proportionnelle qui devient alors la suivante : je trace un cercle O (ρ) de centre et de rayon quelconque ρ, mais tel que 2ρ soit plus grand que la plus grande des deux longueurs N et M (C_3) (fig. 16) ; d'un point quelconque A de ce cercle, je trace A (N) ($2C_1 + C_2 + C_3$), qui le coupe en C et en D ; je trace A (M) qui coupe le cercle tracé en R ($3C_1 + C_3$), puis CD et AR ($4R_1 + 2R_2$), qui se coupent en I, AI est la troisième proportionnelle cherchée obtenue par le symbole : op. : ($4R_1 + 2R_2 + 5C_1 + C_2 + 3C_3$) ; simplicité : 15 ; exactitude : 10 ; 2 droites, 3 cercles.

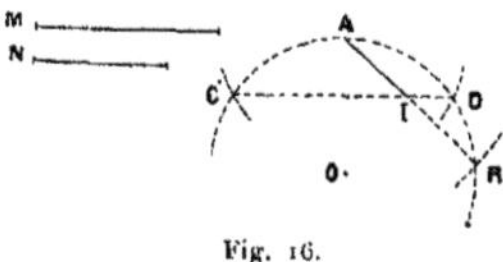

Fig. 16.

Enfin, si $2M > N$, je puis appliquer la même méthode non générale que pour la quatrième proportionnelle. En faisant $N = P$, on trouverait : op. : $(6C_1 + C_2 + 4C_3)$; simplicité : 11 ; exactitude : 7 ; 4 cercles.

Je puis abréger encore ; je trace O(M) $(2C_1 + C_3)$; B étant un point de O (M), je trace B (N) $(2C_1 + C_2 + C_3)$ qui coupe O (M) en C ; je trace CO $(2R_1 + R_2)$ qui coupe B (N) en D, CD est la longueur cherchée ; op. : $(2R_1 + R_2 + 4C_1 + C_2 + 2C_3)$; simplicité : 10 ; exactitude : 7 ; 1 droite, 2 cercles.

Donnons en passant la construction de deux droites dans le rapport de $\frac{N^3}{M^3}$. Je trace un cercle quelconque de rayon plus grand que la moitié de la plus grande des longueurs M et N. D'un point A quelconque de ce cercle, je trace A (N) qui le coupe en C et D, puis A (M) qui le coupe en C′ et D′. Je trace CD, AD′ qui se coupent en I, puis C′D′, AD qui se coupent en I′; on a $\frac{AI}{AI'} = \frac{N^3}{M^3}$. Op. : $(8R_1 + 4R_2 + 5C_1 + C_2 + 3C_3)$; simplicité : 21 ; exactitude : 14 ; 4 droites, 3 cercles.

XL. — **Construire la moyenne proportionnelle X entre deux droites A et B ($X^2 = A.\ B$).**

La première construction *classique*, qui dérive de ce que la longueur de la perpendiculaire abaissée d'un point d'un cercle sur un diamètre de ce cercle est moyenne proportionnelle entre les longueurs des deux segments qu'elle détermine sur ce diamètre, a pour symbole : op. : $(4R_1 + 3R_2 + 12C_1 + C_2 + 8C_3)$; simplicité : 28 ; exactitude : 17 ; 3 droites, 8 cercles.

Avec quelques précautions géométrographiques, on peut réduire ce symbole à : op. : $(4R_1 + 3R_2 + 10C_1 + C_2 + 6C_3)$; simplicité : 24 ; exactitude : 15 ; 3 droites, 6 cercles.

La seconde construction *classique* qui dérive de ce que dans un triangle rectangle un côté de l'angle droit est moyen proportionnel entre l'hypoténuse et le segment adjacent à ce côté que la hauteur partant du sommet de l'angle droit détermine sur l'hypoténuse, traitée économiquement et sans le tracé final inutile du côté qui est la moyenne proportionnelle cherchée, a pour symbole : op. : $(4R_1 + 3R_2 + 9C_1 + C_2 + 5C_3)$; simplicité : 22 ; exactitude : 14 ; 3 droites, 5 cercles.

La troisième construction *classique*, qui dérive de ce que si d'un point A on mène à un cercle une tangente AB et une sécante qui coupe ce cercle en C et en D on a $\overline{AB}^2 = AC.\ AD$, économiquement exécutée, a pour symbole : op. : $(2R_1 + 2R_2 + 14C_1 + C_2 + 7C_3)$; simplicité : 26; exactitude : 17; 2 droites, 7 cercles.

Construction géométrographique. — Je trace (fig. 17) une droite quelconque CC′ (R_2) et, O étant un point de cette droite, je trace O (A) $(2C_1 + C_2 + C_3)$ (on suppose $A > B$), qui coupe la droite CC′ en C à gauche de O et en C′; je décris C(B) $(3C_1 + C_3)$ qui place E dans le sens CC′ sur CC′, je trace E(B) $(C_1 + C_3)$ qui coupe C(B) en deux points F et F′ qui déterminent la perpendiculaire au milieu L de CE et je la trace $(2R_1 + R_2)$, elle coupe O(A) en H; HC (qu'il n'y a pas besoin de tracer) est la moyenne proportionnelle cherchée, car, dans le triangle rectangle CHC′, on aurait : $\overline{CH}^2 = CL.CC' = \frac{B}{2}.2A = A.B.$

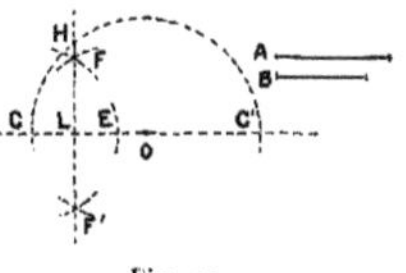

Fig. 17.

op. : $(2R_1 + 2R_2 + 6C_1 + C_2 + 3C_3)$; simplicité : 14; exactitude : 9; 2 droites, 3 cercles.

Il est bon de faire remarquer que cette construction géométrographique n'est nullement nouvelle, on la trouve déjà dans une lettre de Thomas Struve (3 nov. 1684) que reproduit Wallis (*A treatise of algebra both historical and pratical* London 1685), on la retrouve N. A. 1857 p. 125, et plus récemment dans divers journaux mathématiques, mais on n'avait aucun criterium pour apprécier ses avantages pratiques, elle ne frappait pas, et quoiqu'elle puisse s'établir aussi facilement et comme on le voit par le même raisonnement que la solution classique, elle n'a jamais été adoptée dans l'enseignement.

XLI. **Construire deux droites connaissant leur somme BC et leur produit A^2.**

Voici la construction *classique* telle qu'elle est énoncée dans le *Traité de Géométrie* de MM. Rouché et de Comberousse : « Sur BC comme diamètre, décrivez un demi cercle; au point « B élevez BD perpendiculaire sur BC et égale à A, menez « DEE′ parallèle à BC et projetez en F et F′ sur BC les points « E et E′ où cette parallèle rencontre le cercle. Les deux « droites cherchées seront BF et FC, ou, ce qui revient au « même, BF′ et F′C. »

Exécutée *telle qu'elle est décrite*, elle a pour symbole : op. : $(10R_1 + 5R_2 + 21C_1 + 15C_3)$; simplicité : 51 ; exactitude : 31 ; 5 droites, 15 cercles.

Mais la construction ainsi énoncée, contient, au point de vue du géométrographe, une profusion de lignes inutiles à tracer. Ainsi, quand on a mené par D la parallèle à BC coupant le cercle en E et E', il ne sert à rien de projeter E' et E sur BC, puisque DE et DE' sont les longueurs cherchées. La construction suffisante serait donc : décrire sur BC une circonférence $(2R_1 + R_2 + 4C_1 + 3C_3)$, mener en B une perpendiculaire à BC $(2R_1 + R_2 + 3C_1 + 3C_3)$, prendre BD = A $(3C_1 + C_3)$; par D, mener une parallèle à BC $(2R_1 + R_2 + 5C_1 + 3C_3)$; op. : $(6R_1 + 3R_2 + 15C_1 + 10C_3)$; simplicité : 34 ; exactitude : 21 ; 3 droites, 10 cercles.

Ou, en menant en B la perpendiculaire à BC par la méthode géométrographique et remarquant que pour mener la parallèle à BC par D il suffira de porter aussi, sur la perpendiculaire à BC menée par O (qui est tracée pour trouver ce point O), OG = A et de joindre DG, on trouvera le symbole : op. : $(8R_1 + 4R_2 + 9C_1 + 6C_3)$; simplicité : 27 ; exactitude : 17 ; 4 droites ; 6 cercles.

Construction géométrographique (fig. 18). — J'élève une perpendiculaire au milieu O de BC en traçant l'intersection des deux cercles B(ρ), C(ρ) $\left(\rho > \frac{BC}{2}\right)$ $(2R_1 + R_2 + 2C_1 + 2C_3)$; je prends sur elle OG = A $(3C_1 + C_3)$; la pointe restant en O, je prends OB dans le compas (C_1) ; je trace G (OB) op. : $(C_1 + C_3)$ qui coupe BC en F, BF et FC sont les deux longueurs cherchées. Si l'on trace la figure qui résulte de la construction classique que nous venons de citer et si l'on appelle O le centre du cercle décrit sur BC et G le milieu de EE', on voit qu'on a, en effet, GF = OE, d'où la construction géométrographique ; op. : $(2R_1 + R_2 + 7C_1 + 4C_3)$; simplicité : 14 ; exactideut : 9 ; 1 droite, 4 cercles.

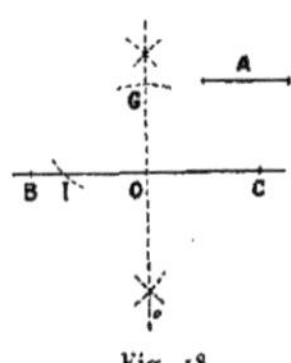

Fig. 18.

On l'a obtenue rien qu'en remarquant la prodigalité de la construction ancienne où le tracé de la perpendiculaire à BC en B, celui du cercle décrit sur BC comme diamètre, celui de la parallèle DE' à BC sont inutiles, etc.

REMARQUE. — Il arrive souvent que le produit des deux droites cherchées, au lieu d'être donné par le côté A du carré équivalent est donné par les deux côtés a et b d'un rectangle équivalent; dans ce cas on indique comme très simple la construction suivante. *En* B *et en* C *j'élève deux perpendiculaires sur lesquelles je prends* $BB_1 = a$, $CC_1 = b$; *le cercle décrit sur* B_1C_1 *comme diamètre coupe* BC *en deux points* β, γ *et les longueurs cherchées sont* B β *et* βC *ou* Cγ *et* γB.

Rien n'est plus propre à montrer la confusion que la simplicité de l'exposé peut introduire dans l'idée de la simplicité de la construction qu'un exemple comme celui-ci; en effet la construction a pour symbole géométrographique op. : $(12R_1 + 6R_2 + 12C_1 + 7C_3)$; simplicité : 37; exactitude : 24; 6 droites, 7 cercles, tandis qu'en construisant d'abord la moyenne proportionnelle A entre a et b $(2R_1 + 2R_2 + 6C_1 + C_2 + 3C_3)$ et puis les deux droites dont on connaît la somme BC et le produit A^2 $(2R_1 + R_2 + 7C_1 + 4C_3)$, on a seulement op. : $(4R_1 + 3R_2 + 13C_1 + C_2 + 7C_3)$; simplicité : 28; exactitude : 18; 3 droites, 7 cercles.

XLII. — **Construire deux droites connaissant leur différence BC et leur produit A^2.**

Voici la construction classique : faire un angle droit D ω O $(2R_1 + 2R_2 + 2C_1 + C_2 + 3C_3)$ prendre sur un des côtés ω D $=$ A $(3C_1 + C_3)$ sur l'autre ω $O' = \frac{1}{2}$ BC $(2R_1 + R_2 + 5C_1 + 3C_3)$; décrire la circonférence O'(O'ω) $(C_1 + C_3)$ mener D O' $(2R_1 + R_2)$ qui coupe la circonférence O' (O'ω) en E et F, DE et DF sont les droites cherchées, obtenues par le symbole : op. : $(6R_1 + 4R_2 + 11C_1 + C_2 + 8C_3)$; simplicité : 30; exactitude : 18; 4 droites, 8 cercles.

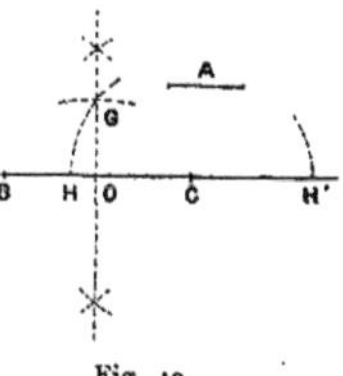

Fig. 19.

Construction géométrographique (fig. 19). — J'élève une perpendiculaire au milieu O de BC $(2R_1 + R_2 + 2C_1 + 2C_3)$ et je prends sur elle OG $=$ A $(3C_1 + C_3)$; je trace C (CG) $(2C_1 + C_3)$ qui coupe BC en H et en H', OH et OH' sont les deux longueurs cherchées; en effet, le triangle rectangle HGH' donnerait $\overline{OG}^2$ ou $A^2 = OH . OH'$ mais OH'

— OH = OC + CH′ — (CH — OC) = 2. OC = BC; op. : $(2R_1 + R_2 + 7C_1 + 4C_3)$; simplicité : 14; exactitude : 9; 1 droite, 4 cercles. Remarquons que si l'on terminait l'opération par le cercle O(CG) au lieu de C(CG), on augmenterait le symbole de C_1, mais H et H′ seraient en position par rapport à B et à C, ce qui est souvent nécessaire.

Remarque. — Si au lieu de donner le produit des deux droites inconnues par le côté A du carré équivalent on donne les deux côtés *a* et *b* d'un rectangle équivalent, on peut faire une construction tout à fait analogue à celle qui termine la construction géométrique du problème XLI, car la solution géométrique regardée comme simple s'applique encore en portant les longueurs BB′ = *a*, CC′ = *b* de part et d'autre de BC sur les perpendiculaires à BC au lieu de les porter du même côté, mais elle a la même complication.

XLIII. — Diviser une droite AB en moyenne et extrême raison.

La construction classique, donnant les deux points de division et exécutée sans précautions géométrographiques, telle qu'elle est partout énoncée, a pour symbole : op. : $(6R_1 + 3R_2 + 11C_1 + 9C_3)$; simplicité : 29; exactitude : 17; 3 droites, 9 cercles.

En la conduisant économiquement, suivant les procédés géométrographiques, on peut la réduire à : op. : $(4R_1 + 2R_2 + 10C_1 + 8C_3)$; simplicité : 24; exactitude : 14; 2 droites, 8 cercles.

On opère ainsi : tracer la perpendiculaire au milieu O de AB $(2R_1 + R_2 + 2C_1 + 2C_3)$, prendre BO et tracer B (BO) $(2C_1 + C_3)$, tracer O (BO) $(C_1 + C_3)$, qui coupe en E la perpendiculaire élevée à BA en son milieu O ; tracer E (BO) $(C_1 + C_3)$, qui coupe B (BO) en C, tracer C (BO)$(C_1 + C_3)$, tracer AC $(2R_1 + R_2)$, qui coupe C (BO) en D et en D′, enfin tracer A (AD), A (AD′) $(3C_1 + 2C_3)$, qui coupent AB aux points X et X′ cherchés.

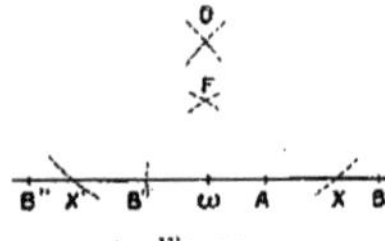

Fig. 20.

Première construction géométrographique (fig. 20). — Je trace A (AB) $(2C_1 + C_3)$ qui coupe AB en B′; je trace B′ (AB)

($C_1 + C_3$) qui coupe AB en B″ et A (AB) en F ; je trace B″ (B″A) ($2C_1 + C_3$) et B (B″A) ($C_1 + C_3$) qui se coupent en O ; la pointe du compas restant en B, je prends la longueur BF (C_1) ; je trace O (BF) ($C_1 + C_3$) qui coupe AB en X entre A et B, et en X′. Ce sont les deux points cherchés. Op. : ($8C_1 + 5C_3$) ; simplicité 13 ; exactitude : 8 ; 5 cercles.

Deuxième construction géométrographique (fig. 21). — Je trace A (AB) ($2C_1 + C_3$) qui coupe AB en B′, et B′ (AB) ($C_1 + C_3$) qui coupe A (AB) en F et en F′ ; je trace FF′ ($2R_1 + R_2$) qui coupe AB en G ; je trace G (AB) ($C_1 + C_3$) qui coupe FF′ en H ; laissant la pointe en G, je prends la longueur GB (C_1) et je trace H (BG) ($C_1 + C_3$) qui coupe AB en X entre A et B, et en X′. Ce sont les deux points cherchés. Op. : ($2R_1 + R_2 + 6C_1 + 4C_3$) ; simplicité : 13 ; exactitude : 8 ; 1 droite, 4 cercles.

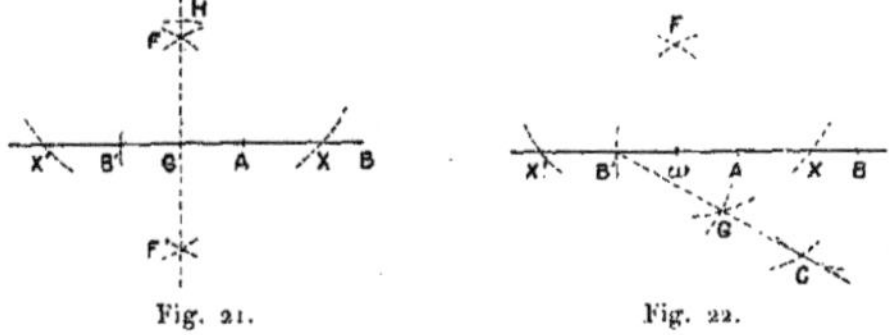

Fig. 21. Fig. 22.

Troisième construction géométrographique. — Je trace (fig. 22) A(AB) ($2C_1 + C_3$) qui coupe AB en B′ ; je trace B (AB) ($C_1 + C_3$) qui coupe A (AB) en C au-dessous de AB ; je trace B′C ($2R_1 + R_2$) ; je trace B′ (AB) ($C_1 + C_3$) qui coupe A (AB) en F au-dessus de AB et CB′ en G entre B′ et C ; je trace enfin F (FG) ($2C_1 + C_3$) qui coupe AB en X entre A et B, et en X′. Ce sont les points cherchés.

Même symbole que la précédente.

Cette dernière construction est une application du théorème suivant :

Soit un cercle de centre A ; *soient* B *et* B′ *les extrémités d'un diamètre,* H *le milieu de* AB′, P *un point quelconque de la perpendiculaire menée par* H *à* AB, G *l'extrémité d'un diamètre perpendiculaire à* PA. *Le cercle qui a pour centre* P *et pour rayon* PG *passe par les deux points* X *et* X′ *qui divisent* AB *en moyenne et extrême raison.*

On voit que ce ne sont pas les constructions plus simples que la construction classique qui manquaient, et celles qui précèdent ne sont que les constructions géométrographiques, c'est-à-dire de simplicité minima ; sans cela il y en aurait bien d'autres. Ce qui manquait c'était le critère géométrographique pour l'affirmer sans discussion possible.

Ce que nous venons de dire dans la première partie suffit, limitée aux constructions tout à fait fondamentales, pour donner au lecteur une idée claire de la géométrographie et pour lui permettre de l'appliquer. Si nous avions disposé de plus de place, nous aurions dû, pour chaque question, donner non seulement les constructions les plus simples, mais aussi en mentionner bien d'autres qui peuvent être employées avec avantage dans le cours des épures que l'on exécute, lorsque certaines des lignes de constructions auxiliaires non géométrographiques se trouvent déjà tracées sur l'épure ; elles peuvent devenir, alors, plus simples à employer que la construction géométrographique.

La suite de ce travail, qui contient l'application des principes géométrographiques à des théories géométriques un peu moins rudimentaires, permettra aux lecteurs de se passer facilement d'une exposition de ces détails, peut-être fastidieux tant ils sont élémentaires, et d'entrer dans l'*esprit* de ce nouveau genre.

Remarquons encore que certains problèmes dans lesquels entre l'idée de nombre n'ont pas de solution géoméotrographique *générale*. Tel celui-ci : *Tracer une longueur n fois plus grande qu'une longueur donnée*, où la solution la plus simple doit être recherchée pour chaque valeur de n, puisque la solution générale dépendrait d'une question sur les nombres qui n'est pas résolue.

Avant de passer à la SECONDE PARTIE, nous voulons donner les six principes sur lesquels repose la Géométrographie :

1° Dans une construction, ne tracer aucune ligne inutile et employer, par conséquent, quand on le peut, les lignes déjà tracées dans le cours de la construction.

Il suit de là qu'on doit changer l'ordre logique dans lequel les constructions se présentent, si l'on y trouve avantage ; ainsi, on devra tracer tous les cercles d'une même ouverture de compas une fois prise, si les centres de ces cercles sont placés ; cela évitera de reprendre cette longueur dans le compas lorsque l'ouverture en aurait été changée.

2° Choisir celle des solutions d'un même problème dont l'ensemble des constructions conduit au symbole le plus simple.

3° Examiner, dans chaque problème, tous les cas particuliers de données qui peuvent se présenter et simplifier alors le symbole général pour ces cas particuliers.

4° Dans la recherche du symbole géométrographique *général* d'une construction, n'employer que des constructions générales, à moins que l'on démontre qu'une construction particulière qui serait plus avantageuse s'applique toujours au problème que l'on examine.

5° Dans une construction effectuée avec des données *particulières*, profiter de toutes les constructions particulières, plus simples que les constructions générales, lorsqu'elles peuvent s'appliquer dans le cas des données sur lesquelles on opère.

6° Examiner si, eu égard aux lignes déjà tracées dans le cours de la construction que l'on exécute, une construction moins simple, *en général*, que la construction géométrographique, ne serait pas cependant alors plus économique à employer.

DEUXIÈME PARTIE

PROBLÈMES RELATIFS AUX PÔLES ET POLAIRES, AUX AXES ET AUX CENTRES RADICAUX, A LA MOYENNE GÉOMÉTRIQUE ENTRE DEUX DROITES.

XLIV. **Placer le point A' réciproque du point A par rapport à un cercle de rayon R et de centre O.**

Construction géométrographique. — Je trace OA ($2R_1 + R_2$) et par A une sécante coupant le cercle en B et en C ($R_1 + R_2$). P étant un point arbitraire de OA, je trace P (PB) ($C_1 + C_2 + C_3$) qui recoupe le cercle en B'; je trace CB' ($2R_1 + R_2$) qui coupe OA au point cherché A'; op. : ($5R_1 + 3R_2 + C_1 + C_2 + C_3$); simplicité : 11 ; exactitude : 7 ; 3 droites, 1 cercle.

On peut opérer très peu différemment ainsi. Je trace OA ($2R_1 + R_2$) et je place sur le cercle deux points B, B' symétriques par rapport à OA ($C_1 + C_3$) en traçant une circonférence A (ρ); je trace BA ($2R_1 + R_2$) qui coupe le cercle en C. Je trace CB' ($2R_1 + R_2$) qui coupe OA en A'; op. : ($6R_1 + 3R_2 + C_1 + C_3$); simplicité : 11 ; exactitude : 7 ; 3 droites, 1 cercle.

Le réciproque A'_1 d'un second point A_1 situé sur OA s'obtiendrait en ajoutant $4R_1 + 2R_2$. Donc pour placer les n réciproques A', A'_1 A'_2... A'_{n-1} des n points A, A_1, A_2... A_{n-1} sur un diamètre on aurait le symbole : op. : ($2[2n+1]R_1 + [2n+1]R_2 + C_1 + C_3$); simplicité : $6n+5$; exactitude : $4n+3$; ($2n+1$) droites, 1 cercle.

Si $OA > \frac{R}{2}$, je peux opérer plus simplement en employant une construction qui ne ressort que du compas. Je trace A (AO) ($2C_1 + C_3$) qui coupe le cercle en B et en C. Je trace B (BO) ($2C_1 + C_3$) et C (CO) ($C_1 + C_3$). Ces deux cercles se coupent en A' car les deux triangles isocèles AOB, BOA' sont semblables et l'on a $\frac{BO}{AO} = \frac{A'O}{BA'}$ ou AO. A'O $= R^2$.

L'*équerre* n'a pas d'emploi.

XLV. Placer le pôle L d'une droite XY par rapport à une circonférence de centre O et de rayon R.

Construction géométrographique. — Soit L′ le point où OL coupe XY. Je trace du centre O un cercle de rayon quelconque ρ mais coupant XY en A et en B (C_1+C_3); je trace A (ρ) (C_1+C_3) qui coupe le cercle donné en P et en Q; je trace B (ρ) (C_1+C_3) qui coupe le cercle donné en P′ et Q′, P et P′ étant pris symétriques par rapport à OL; je trace l'intersection des deux cercles A (ρ), B (ρ) ($2R_1+R_2$), c'est la droite OL′. L′ étant placé ainsi, je trace L′Q ($2R_1+R_2$) qui coupe le cercle donné en C; je trace CQ′ ($2R_1+R_2$) qui coupe OL′ en L; op. : ($6R_1+3R_2+3C_1+3C_3$); simplicité : 15; exactitude : 9; 3 droites, 3 cercles. Si XY coupe le cercle, le symbole est diminué de (C_1+C_3) puisque A et B se trouvent placés.

Il y a un grand nombre de constructions du point L, mais je n'en connais aucune qui, à la fois, soit aussi simple et s'applique quelle que soit la position de A par rapport à O; plusieurs, par exemple, exigent que la distance de O à XY soit plus grande que $\frac{R}{2}$.

L'*équerre* n'a pas d'emploi.

XLVI. Tracer la polaire d'un point L par rapport à une circonférence de rayon R et de centre O.

Première construction géométrographique canonique. — Par L je trace deux droites quelconques ($2R_1+2R_2$) coupant la première, le cercle en B et B′, la seconde en C et C′. Je trace BC′, B′C ($4R_1+2R_2$) se coupant en X; BC, B′C′ ($4R_1+2R_2$) se coupant en Y; je trace XY ($2R_1+R_2$) c'est la polaire cherchée. Op. : ($12R_1+7R_2$); simplicité : 19; exactitude : 12; 7 droites.

L'*équerre* n'a pas d'emploi.

Deuxième construction géométrographique canonique. — Le point X étant déterminé comme précédemment ($6R_1+4R_2$), je place Y symétrique de X par rapport à LO au moyen des cercles O (OX), L (LX) ($4C_1+2C_3$) et je trace XY ($2R_1+R_2$). Op. : ($8R_1+5R_2+4C_1+2C_3$); simplicité : 19; exactitude : 12; 5 droites, 2 cercles.

Troisième construction géométrographique canonique. — Je trace OL ($2R_1+R_2$); d'un point quelconque de OL comme centre je trace une circonférence (C_2+C_3) qui coupe le cercle donné en C et en D; je trace CL ($2R_1+R_2$) qui coupe le cercle en E; je trace ED ($2R_1+R_2$) qui coupe OL en L′ réciproque de L; j'élève en L′ une perpendiculaire sur OL ($4R_1+2R_2+C_1+C_3$), c'est la polaire cherchée. Op. : ($10R_1+5R_2+C_1+C_2+2C_3$); simplicité : 19; exactitude : 12; 5 droites, 2 cercles.

Si $OL > \frac{R}{2}$, on peut opérer plus simplement. Je place le point L′ réciproque de L($5C_1+3C_3$)$\left(\text{XLIV, } OA > \frac{R}{2}\right)$; puis, en me servant du cercle B (BO) qui est tracé, j'élève la perpendiculaire en L′ sur OL ($4R_1+2R_2$) ; op. : ($4R_1+2R_2+5C_1+3C_3$) ; simplicité : 14 ; exactitude : 9 ; 2 droites, 3 cercles.

Avec l'équerre.

Je place L′ comme dans la troisième construction géométrographique ($6R_1+3R_2+C_2+C_3$) ; en L′ je trace une perpendiculaire à OL ($2R'_1+E+R_2$) c'est la polaire cherchée. Op. : ($6R_1+2R'_1+E+4R_2+C_2+C_3$); simplicité : 15; exactitude : 10; 4 droites, 1 cercle.

XLVII. Construire l'axe radical de deux circonférences O et O′ de rayons R et R′.

Première construction. — Je trace une circonférence quelconque coupant les deux circonférences données suivant deux droites que je trace ($4R_1+2R_2+C_3$) et qui se coupent en M; je recommence la même opération pour trouver un autre point M′ ($4R_1+2R_2+C_3$), je trace MM′ ($2R_1+R_2$), c'est l'axe radical cherché. Op. : ($10R_1+5R_2+2C_3$); simplicité : 17; exactitude : 10; 5 droites, 2 cercles.

Construction géométrographique. — Je détermine comme précédemment le point M ($4R_1+2R_2+C_3$) puis, sans tracer OO′, le point M_1 symétrique de M par rapport à OO′ ($4C_1+2C_3$), enfin MM^1 ($2R_1+R_2$). Op. : ($6R_1+3R_2+4C_1+3C_3$) ; simplicité : 16; exactitude : 10 ; 3 droites, 3 cercles.

Dans ces deux constructions, l'équerre n'a pas d'emploi. Elles ne peuvent s'appliquer si l'une des circonférences est réduite à une point.

Première construction. — Si O′ est réduit à un point, d'un rayon quelconque ρ suffisant, je trace O (ρ) (C_1+C_3) puis par O une droite quelconque (R_1+R_2) coupant O (ρ) en M_1 ;

sur OM_1 comme diamètre je décris une circonférence, pour cela il suffit de tracer $M_1(\rho)$ $(C_1 + C_3)$ qui coupe $O(\rho)$ en E et en E', de tracer EE' $(2R_1 + R_2)$ qui coupe OM_1 en ω et de tracer $\omega(\omega M_1)$ $(2C_1 + C_3)$; cette circonférence coupe la circonférence donnée en K. Je trace $O'(M_1K)$ $(3C_1 + C_3)$ qui coupe $O(\rho)$ en M et en M'; je trace MM' $(2R_1 + R_2)$, c'est l'axe radical cherché; en effet, $\overline{MO'}^2 = \overline{M_1K}^2 = \overline{M_1O}^2 - R^2$. d'où $\overline{MO'}^2 = \overline{MO}^2 - R^2$, c'est la longueur de la tangente menée de M au cercle donné, donc M et par suite M' appartiennent à l'axe radical cherché. Op. : $(5R_1 + 3R_2 + 7C_1 + 4C_3)$; simplicité : 19; exactitude : 12; 3 droites, 4 cercles.

L'*équerre* n'a pas d'emploi.

Construction géométrographique si O' est réduit à un point. — Je trace par O une ligne quelconque qui coupe le cercle O en B $(R_1 + R_2)$; je trace B (BO) $(2C_1 + 2C_3)$ qui coupe OB en C, puis, ρ étant suffisamment grand, $O(\rho)$ et $C(\rho)$ $(2C_1 + 2C_3)$ qui déterminent un point D de la tangente en B au cercle O. Je trace enfin O' (BD) $(3C_1 + C_3)$ qui coupe $O(\rho)$ en M et M'; la ligne MM' $(2R_1 + R_2)$ est l'axe radical cherché. Op. : $(3R_1 + 2R_2 + 7C_1 + 4C_3)$; simplicité : 16; exactitude : 10; 2 droites, 4 cercles.

XLVIII. — **Placer le centre radical de trois circonférences données O, O', O''.**

Construction géométrographique. — Je trace 2 circonférences $\omega(\rho)$, $\omega'(\rho')$ quelconques mais coupant chacune les 3 circonférences données $(2C_3)$. Je trace les intersections de $\omega(\rho)$ avec O et O' $(4R_1 + 2R_2)$ qui me donnent un point M_3 de l'axe radical de O et de O'; puis l'intersection de $\omega(\rho)$ et de O' $(2R_1 + R_2)$ qui coupe celle de $\omega(\rho)$ et de O' en M_1 point de l'axe radical de O' et de O''; avec le cercle $\omega'(\rho')$ j'obtiens de même les points M'_3 et M'_1 $(6R_1 + 3R_2)$; je trace $M_3M'_3$, $M_1M'_1$ $(4R_1 + 2R_2)$ qui se coupent au centre radical cherché; op. : $(16R_1 + 8R_2 + 2C_3)$; simplicité : 26; exactitude : 16; 8 droites, 2 cercles.

Autre construction. — Je place M_3 et M_1 au moyen du cercle $\omega(\rho)$ comme dans la construction précédente $(6R_1 + 3R_2 + C_3)$; je place M'_3 symétrique de M_3 par rapport à OO' en traçant $O(OM_3)$, $O'(O'M_3)$ $(4C_1 + 2C_3)$. La pointe restant en O', je trace $O'(O'M_1)$ $(C_1 + C_3)$, puis $O''(O''M_1)$ $(2C_1 + C_3)$, ces cercles se coupent en M'_1 symétrique de M_1 par rapport à O'O''. Je trace

$M_1M'_1$, $M_3M'_3$ $(4R_1 + 2R_2)$ qui se coupent au point cherché ; op. : $(10R_1 + 5R_2 + 7C_1 + 5C_3)$; simplicité : 27 ; exactitude : 17 ; 5 droites, 5 cercles.

Il est à remarquer que ce n'est pas la construction géométrographique de l'axe radical de deux circonférences qui conduit à la construction géométrographique du centre radical de 3 circonférences.

Autre construction — Je vais déterminer (fig. 23) deux points P, P′ d'égale puissance par rapport aux deux circonférences O et O′ et deux points Q, Q′ d'égale puissance par rapport à O et O″. L'intersection H de PP′ et de QQ′ sera le centre radical cherché. Par O je trace une droite quelconque $(R_1 + R_2)$ qui coupe O en α ; je mets R′ dans le compas $(C_1 + C_2)$ et je porte sur Oα $\alpha\omega' = -\alpha\omega'_1 = R'$ $(C_1 + C_3)$ puis, mettant R″ dans le compas $(C_1 + C_2)$, je porte sur Oα $\alpha\omega'' = R''$ $(C_1 + C_3)$. Je trace ω' (ρ) et ω'_1 (ρ) ρ étant quelconque mais suffisamment grand $(2C_1 + 2C_3)$; les deux cercles se coupent en D. Je trace O′ (ρ) $(C_1 + C_3)$ dont j'aurai besoin ultérieurement. Je trace O (OD) $(2C_1 + C_3)$, c'est le lieu des points dont la puissance par rapport à O est égale à $\overline{\alpha D}^2$; O′ (ρ) est lieu des points dont la puissance par rapport à O′ est égale à $\overline{\alpha D}^2$, car cette puissance est $\rho^2 - R'^2 = \alpha D^2$. Je trace donc PP′ intersection des deux cercles O (OD), O′ (ρ) $(2R_1 + R_2)$, c'est l'axe radical de O et de O′. Je trace O″ $(\omega''D)$ $(3C_1 + C_3)$, c'est le lieu des points dont la puissance par rapport à O″ est $\overline{\omega''D}^2 - \overline{\alpha\omega''}^2 = \overline{\alpha D}^2$, donc O″ $(\omega''D)$ coupe O (OD) en 2 points Q, Q′ qui appartiennent à l'axe radical de O et de O″. Je trace QQ′ $(2R_1 + R_2)$ qui coupe PP′ en H, point cherché; op. : $(5R_1 + 3R_2 + 12C_1 + 2C_2 + 7C_3)$; simplicité : 29; exactitude : 19; 3 droites, 7 cercles.

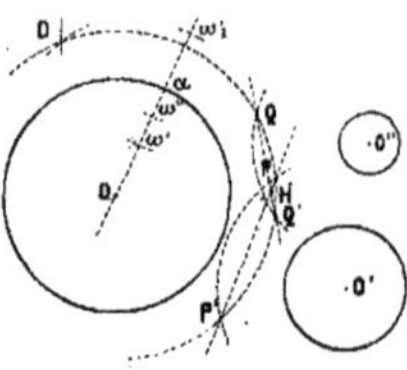

Fig. 23.

Cette construction due à M. Gérard devient la construction géométrographique des centres radicaux lorsqu'on a à placer les centres radicaux de groupes de trois circonférences et que chaque groupe contient une circonférence commune O. C'est elle qu'a très habilement employée M. Gérard dans sa construction du problème d'Apollonius (*Construction* L).

Dans ces questions sur l'axe radical de 2 circonférences et sur le centre radical de 3 nous avons toujours pris le cas défavorable où les cercles ne se coupent pas, ce qui correspond au symbole *général*.

L'examen des autres cas n'offre aucune difficulté, pas plus que le cas où, pour le centre radical, une ou deux des trois circonférences O, O′, O″ se réduisent à leur centre.

XLIX. — **Construire la moyenne géométrique entre deux droites OA, OB.**

Cette construction importante qui consiste à porter sur la bissectrice de l'angle AOB une longueur égale à $\sqrt{OA.OB}$ peut s'exécuter de beaucoup de manières, nous nous contenterons de donner celles qui paraissent devoir être les plus usuelles.

Première construction. — Elle m'a été indiquée par M. Laisant comme étant celle à laquelle conduit la méthode des équipollences. Je porte sur AO, dans le sens AO, OA′ = OB ($2C_1 + C_3$); je trace le cercle circonscrit au triangle ABA′ ($4R_1 + 2R_2 + 5C_1 + 4C_3$) ; sans tracer A′B, je mène par O une parallèle OI à cette droite ($2R_1 + R_2 + 5C_1 + 2C_3$), elle coupe le cercle ABA′ en 2 points γ et γ'. Celui qui est entre A et B et qui s'appelle γ donne la moyenne géométrique cherchée car $O\gamma^2 = OA.OB$; op. : ($6R_1 + 3R_2 + 12C_1 + 7C_3$). Mais on peut la conduire d'une façon plus économique comme il suit. Supposant $OB > OA$, je trace O (OB) ($2C_1 + C_3$) pour placer A′ comme précédemment et j'appelle α le second point où O (OB) coupe OA dans le sens OA. Je mène la parallèle OI à A′B, en remarquant qu'elle est la bissectrice de BOα, je trace donc B (OB), α (OB) ($2C_1 + 2C_3$) qui se coupent en I, et je trace OI ($2R_1 + R_2$). Pour décrire le cercle circonscrit à A′BA, je trace A′ (OB), A (OB) ($2C_1 + 2C_3$) qui avec le cercle B (OB) déjà tracé déterminent le centre ω du cercle A′BA par ($4R_1 + 2R_2$), enfin je trace ω (ωA) ($2C_1 + C_3$) qui place γ; op. : ($6R_1 + 3R_2 + 8C_1 + 6C_3$) ; simplicité : 23 ; exactitude : 14 ; 3 droites, 6 cercles.

Avec l'*équerre*, op. : ($4R_1 + 2R'_1 + E + 3R_2 + 7C_1 + 5C_3$) ; simplicité : 22 ; exactitude : 14 ; 3 droites, 5 cercles.

Autre construction. — Je m'appuie sur le théorème suivant : *Soit AOB un triangle, β et α les points où la perpendiculaire menée au milieu de AB coupe le cercle circonscrit, α étant sur la bissectrice de l'angle AOB. Le cercle β (βA) coupe cette bissec-*

trice aux points γ, γ' *pour lesquels on a* $O\gamma^2 = O\gamma'^2 = OA.OB$.

Je trace les perpendiculaires au milieu de AB (non tracée) et de OA et par leur moyen le cercle circonscrit à AOB ($4R_1 + 2R_2 + 5C_1 + 4C_3$); je trace la bissectrice $O\alpha$ ($2R_1 + R_2$), enfin je trace β (βA) ($2C_1 + C_3$) qui place γ; op. : ($6R_1 + 3R_2 + 7C_1 + 5C_3$); simplicité : 21; exactitude : 13; 3 droites, 5 cercles. Il faut remarquer que si le cercle circonscrit à AOB est déjà tracé sur l'épure, ce qui est fréquent, $O\gamma$ est placé par op. : ($4R_1 + 2R_2 + 4C_1 + 3C_3$) seulement.

L'*équerre* n'a pas d'emploi.

Remarque. — L'angle $A\gamma'B$ est la moitié de AOB; $A\gamma B\gamma'$ est harmonique.

Construction géométrographique. — OA étant la plus petite des longueurs OA, OB, je trace O (OB) ($2C_1 + C_3$) qui coupe OA en C dans le sens OA; je trace C (OB), B (OB) ($2C_1 + 2C_3$) qui se coupent en I et je trace OI ($2R_1 + R_2$), c'est la bissectrice de l'angle BOA; je trace A (OB) ($C_1 + C_3$) qui coupe OA en D dans le sens AO, je trace D (OB) ($C_1 + C_3$) qui coupe C (OB) en E; OE qu'il n'y a pas besoin de tracer est la moyenne proportionnelle entre OA et OC ou OA et OB; je place γ par O (OE) ($2C_1 + C_3$) sur la bissectrice de AOB. Op. : ($2R_1 + R_2 + 8C_1 + 6C_3$); simplicité : 17; exactitude : 10; 1 droite, 6 cercles.

L'*équerre* n'a pas d'emploi.

PROBLÈME D'APOLLONIUS

L. — **Problème d'Apollonius ou tracé des cercles tangents à trois Cercles donnés.**

Sans faire la discussion du problème, je vais étudier le cas le plus défavorable, c'est-à-dire celui où les trois cercles sont extérieurs les uns aux autres et où il y a huit solutions.

Solution. — Soient $A(a)$, $B(b)$, $C(c)$ les trois cercles donnés.

Soit $D(r)$ un cercle tangent *de la même façon,* par exemple tangent *extérieurement,* à ces trois cercles, et soit X son point de contact avec le cercle $A(a)$.

Le point D étant commun aux trois cercles $A(a+r)$, $B(b+r)$, $C(c+r)$, est le centre radical de ces trois cercles; donc c'est un point du lieu décrit par le centre radical H (fig. 24) des trois cercles A $(a+h)$, B $(b+h)$, C $(c+h)$, quand on fait varier h (¹). De plus $\frac{\overline{XD}}{\overline{AX}}=\frac{r}{a}$; si on prend sur la droite AH un point N tel que $\frac{\overline{NH}}{\overline{AN}}=\frac{h}{a}$, le lieu décrit, quand h varie, par le point N ainsi défini, passera par X.

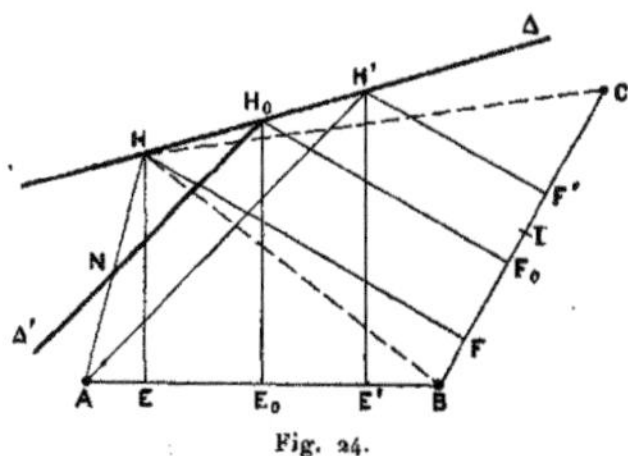

Fig. 24.

Soient H_0 et H' les positions de H pour $h=o$ et $h=-a$; et soient E et F, E_0 et F_0, E' et F' les projections de H, H_0, H' sur AB et sur BC. Ecrivons que le point H a même puissance par rapport aux deux cercles B $(b+h)$ et C$(c+h)$: $\overline{HB}^2-(b+h)^2=\overline{HC}^2-(c+h)^2$, ou $\overline{HB}^2-\overline{HC}^2=(b+h)^2-(c+h)^2$ ou, en appelant I le milieu de BC, $2\overline{BC}.\overline{IF}=b^2-c^2+2h(b-c)$. D'où, en faisant $h=o$, $2\overline{BC}.\overline{IF_0}=b^2-c^2$; puis, en retranchant membre à membre les deux égalités précédentes, $2\overline{BC}.\overline{F_0F}=2(b-c)h$. Donc F_0F est proportionnel à h ; par conséquent, $\frac{\overline{F_0F}}{\overline{F_0F'}}=\frac{h}{-a}$, ou $\frac{\overline{F_0F}}{\overline{F'F_0}}=\frac{h}{a}$ et par analogie $\frac{\overline{E_0E}}{\overline{E'E_0}}=\frac{h}{a}=\frac{\overline{F_0F}}{\overline{F'F_0}}$

Il en résulte évidemment que les trois points H, H_0, H' sont

(¹) Si l'on donne à h des valeurs négatives, il peut arriver que $a+h$, par exemple, soit négatif ; dans ce cas, nous conviendrons que A $(a+h)$ désigne le cercle dont le centre est A et dont le rayon a pour mesure la valeur absolue de $a+h$.

en ligne droite. Donc le lieu du point H est la droite $H'H_0$, que nous appellerons Δ. De plus $\frac{\overline{H_0H}}{\overline{H'H_0}} = \frac{h}{a} = \frac{\overline{NH}}{\overline{AN}}$; donc H_0N est parallèle à H'A. Par conséquent, le lieu du point N est la parallèle Δ' à H'A menée par H_0.

On construira les deux droites Δ et Δ', en donnant à h deux valeurs particulières, par exemple, $h = o$ et $h = -2a$, ce qui donnera deux points de chacune d'elles. Le point X devant se trouver à la fois sur la droite Δ' et sur le cercle A (a) est à l'intersection de ces deux lignes ; le point X une fois trouvé, on aura le point D à l'intersection des deux droites AX et Δ. En remplaçant successivement ou simultanément, $b + h$ par $b - h$ et $c + h$ par $c - h$, on aura les cercles tangents des trois autres groupes. En faisant toujours $h = o$ et $h = -2a$, on a la construction suivante :

Construisez (fig. 25) le centre radical H_0 des trois cercles donnés $A(a)$, $B(b)$, $C(c)$; puis les centres radicaux $H_1H_2H_3H_4$ des quatre systèmes de trois cercles : $A(a)$, $B(b \pm 2a)$, $C(c \pm 2a)$; ensuite, les symétriques $N_i (i = 1, 2, 3, 4)$ des quatre points H_i, par rapport à A. Tracez les quatre droites H_0N_i, qui coupent chacune le cercle $A(a)$ en deux points X_i et X'_i ; puis les rayons AX_i et AX'_i, qui rencontrent les droites H_0H_i en D_i et D'. Les huit cercles $D_i(D_iX_i)$ et $D'_i(D'_iX'_i)$ sont les cercles cherchés.

Construction géométrographique. — Je trace une droite passant par A $(R_1 + R_2)$; cette droite rencontre le cercle A (a) en E et F. Je prends une ouverture de compas égale à b et je trace le cercle E (b), qui rencontre la droite EF en B_0 et B_1, puis le cercle F (b), qui rencontre EF en B' et B'' $(4C_1 + 2C_3)$. De même, je trace le cercle E (c) qui coupe EF en C_0, puis le cercle F (c), qui coupe EF en C' et C'' $(4C_1 + 2C_3)$. On a ainsi $EB_0 = EB_1 = b$, $EB' = b - 2a$, $EB'' = b + 2a$; $EC_0 = c$, $EC' = c - 2a$, $EC'' = c + 2a$.

Ensuite, pour construire les centres radicaux H_i, je prends une ouverture de compas λ arbitraire, mais *suffisamment grande*, et je trace le cercle B (λ), puis les cercles $B_0(\lambda)$ et $B_1(\lambda)$, qui se coupent en L $(3C_1 + 3C_3)$. Je trace le cercle A(AL), qui coupe le cercle B (λ) en O et P $(2C_1 + C_3)$; puis je trace les cinq cercles : B(LB'), B(LB''), C(LC$_0$), C(LC'), C(LC'') $(15C_1 + 5C_3)$. Ces cinq cercles coupent respectivement le cercle A(AL) en O' et P', O'' et P'', I et J, I' et J', I'' et

J″. Je trace les six droites OP, O′P′, O″P″, IJ, I′J′, I″J″ ($12R_1+6R_2$). La droite OP est l'axe radical des deux cercles A (a) et B (b), car les tangentes à ces deux cercles issues des points O et P sont égales à LE.

De même, O′P′ est l'axe radical des cercles A (a) et

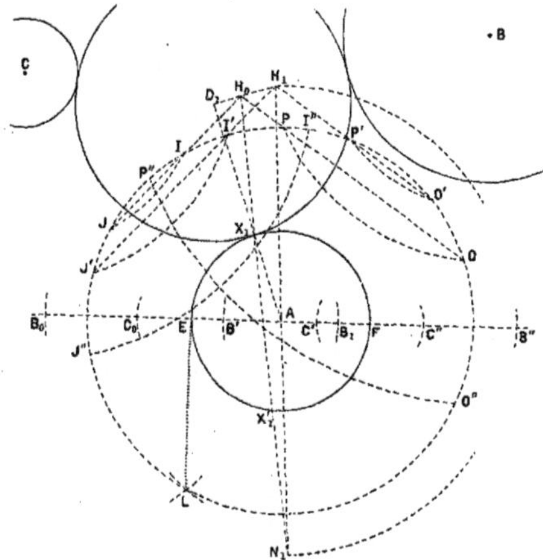

Fig. 25.

B ($b-2a$) ; O″P″ A (a) et B ($b+2a$) ; IJ A (a) et C (c) ; I′J′ A (a) et C ($c-2a$) ; I″J″ A (a) et C ($c+2a$). Donc le point d'intersection des droites OP et IJ est le centre radical H_0 des trois cercles donnés. De même, les quatre points de rencontre des droites O′P′, O″P″ avec les droites I′J′, I″J″ sont les centres radicaux H_1, H_2, H_3, H_4 des quatre systèmes de trois cercles : A (a), B ($b\pm 2a$), C ($c\pm 2a$).

Je trace les quatre droites AH_i ($i=1, 2, 3, 4$) et les quatre cercles A (AH_i) ($8R_1+4R_2+5C_1+4C_3$). Ces quatre cercles coupent respectivement ces quatre droites en quatre points N_i qui sont les symétriques des H_i par rapport à A.

Je trace les huit droites H_0H_i et H_0N_i $(16R_1+8R_2)$. Soient X_i et X' les points d'intersection des quatre droites H_0N_i avec le cercle A (a) ; je trace les huit droites AX_i et AX'_i $(16R_1+8R_2)$. Enfin, D_i et D'_i étant les points de rencontre respectifs de AX_i et de AX'_i avec H_0H_i, je trace les huit cercles D_i $(D_i X_i)$ et D'_i $(D'_i X'_i)$ $(16C_1+8C_3)$. La construction a pour symbole total : Op. : $(53R_1+27R_2+49C_1+25C_3)$; simplicité : 154 ; exactitude : 102 ; 27 droites, 25 cercles.

L'*équerre* n'a pas d'usage dans cette construction.

J'ai fait observer, dès le commencement, que, dans l'établissement du symbole géométrographique d'une construction relative à un problème *général*, il fallait n'employer que des constructions générales, c'est-à dire qui peuvent s'appliquer à tous les cas possibles des données du problème. Quand on emploie une construction auxiliaire particulière dans la construction générale, il faut donc démontrer que cette construction particulière réussit toujours (c'est-à-dire ne donne pas des intersections imaginaires) dans tous les cas du problème que l'on traite. La démonstration est, le plus souvent, fort aisée, mais quelquefois elle exige un examen plus approfondi. Nous allons donc établir, comme cela est nécessaire, que le procédé employé ici, pour obtenir les axes radicaux, s'applique toujours à tous les cas des données de la construction que nous analysons, en prenant λ suffisamment grand.

Pour trouver les centres radicaux $H_0 H_1, H_2, H_3, H_4$, je prends une longueur λ suffisamment grande, plus grande que b d'abord ; posons pour abréger $\lambda^2 = b^2 + k^2$ et décrivons : 1° le cercle A $\left(\sqrt{a^2+k^2}\right)$; 2° les six cercles B $\left(\sqrt{b^2+k^2} = \lambda\right)$, B $\left(\sqrt{(b \pm 2a)^2+k^2}\right)$, C $\left(\sqrt{c^2+k^2}\right)$, C $\left(\sqrt{(c \pm 2a)^2+k^2}\right)$.

Il s'agit de prouver que, si k (ou λ) est suffisamment grand, le premier cercle A $\left(\sqrt{a^2+k^2}\right)$ coupe toujours les six autres, c'est-à-dire que les distances des centres AB et AC sont à la fois plus petites que les six sommes des rayons et plus grandes que leurs différences.

Cela résulte de ce que les six sommes de rayons $\sqrt{a^2+k^2}+\sqrt{b^2+k^2}$, $\sqrt{a^2+k^2}+\sqrt{(b+2a)^2+k^2}$, etc., augmentent indéfiniment avec k (elles sont toutes les six plus grandes que $2k$).

Tandis que les six différences de rayons tendent *toutes les six* vers zéro lorsque k augmente indéfiniment. Par ex. :

$$\sqrt{a^2+k^2}-\sqrt{b^2+k^2}=\frac{\left(\sqrt{a^2+k^2}-\sqrt{b^2+k^2}\right)\left(\sqrt{a^2+k^2}+\sqrt{b^2+k^2}\right)}{\sqrt{a^2+k^2}+\sqrt{b^2+k^2}}$$

$$=\frac{a^2-b^2}{\sqrt{a^2+k^2}+\sqrt{b^2+k^2}}.$$

Il est visible que cette quantité tend vers zéro quand k augmente indéfiniment. Il en est de même des cinq autres différences de rayons.

Donc il est sûr que si λ et par suite k augmentent indéfiniment, les six sommes de rayons augmentent indéfiniment et deviennent toutes les six plus grandes que AB et AC, tandis que les six différences de rayons tendent vers zéro et deviennent toutes les six plus petites que AB et AC. Donc enfin si λ est suffisamment grand le cercle A$\left(\sqrt{a^2+k^2}\right)$ coupe les six autres.

LE RAPPORT ANHARMONIQUE ; L'INVOLUTION

Nous convenons que A, B, C, D étant des points en ligne droite, lorsque nous écrirons (ABCD), il s'agira toujours du rapport $\frac{CA}{CB}:\frac{DA}{DB}$ $\left(\text{par conséquent (CADB) sera } \frac{DC}{DA}:\frac{BC}{BA}\right)$ et que O, A, B, C, D étant des points quelconques, O (ABCD) représentera le rapport $\frac{C'A'}{C'B'}:\frac{D'A'}{D'B'}$, A′, B′, C′, D′ étant les points où une droite quelconque coupe respectivement les quatre droites OA, OB, OC, OD. C'est le rapport anharmonique du faisceau de ces quatre droites.

LI. — **Remplacer le rapport anharmonique (ABCD) par le rapport de deux longueurs.**

Construction géométrographique. — Je trace un cercle C (ρ) (C_1+C_3) (fig. 26) de rayon quelconque (ρ), un diamètre (R_1+R_2) qui le coupe en α et β ; je trace Aα, Bβ ($4R_1+2R_2$) qui se coupent en O ; je trace OD ($2R_1+R_2$) qui coupe $\alpha\beta$ en δ ; on a O (ABCD) $=$ O ($\alpha\beta C\delta$) $=-\frac{\delta\beta}{\delta\alpha}=\frac{\beta\delta}{\delta\alpha}$; op. : ($7R_1+4R_2+C_1+C_3$) ; simplicité : 13 ; exactitude : 8 ; 4 droites, 1 cercle.

Seconde construction. — Je me propose par exemple de trouver M tel que $(ABCD) = \frac{DA}{DM}$. Je trace (fig. 27) A (ρ), D (ρ) $(2C_1 + 2C_3)$ se coupant en ω, puis ω (ρ) $(C_1 + C_3)$ qui passe en A et D : ω (ρ) coupe D (ρ) en γ, A (ρ) en C_1, γ et C_1 étant du même côté de AB. Je trace CC_1 $(2R_1 + R_2)$ qui coupe ω (ρ)

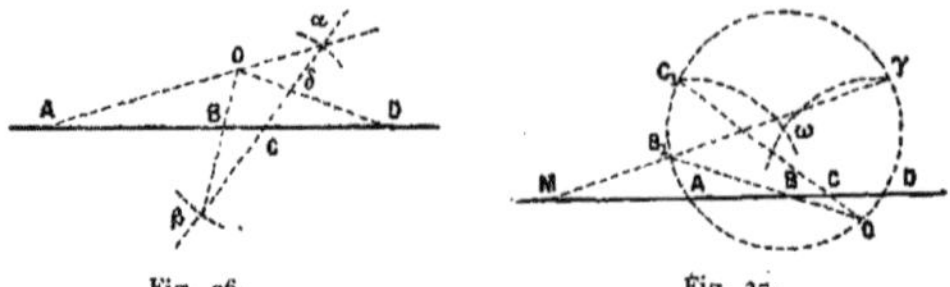

Fig. 26. Fig. 27.

en O, puis OB $(2R_1 + R_2)$ qui coupe ω (ρ) en B_1. Je trace γ B_1 $(2R_1 + R_2)$ qui coupe AD en M ; en effet, on a $(ABCD) = O(AB_1C_1D) = \gamma\,(AB_1C_1D)$, puisque A, B_1, C_1, D sont quatre points de ω (ρ) et que, si P est un point quelconque de cette circonférence, le faisceau $P\,(AB_1C_1D)$ a un rapport anharmonique invariable. Mais γ C_1 étant parallèle à AD, on a $\gamma\,(AB_1C_1D) = (AM\,\infty\,D) = \frac{DA}{DM}$; op. : $(6R_1 + 3R_2 + 3C_1 + 3C_3)$; simplicité : 15 ; exactitude : 9 ; 3 droites, 3 cercles.

Remarque. — Les quatre points A, B, C, D donnent lieu aux six rapports anharmoniques (ABCD), (ACBD), (ADBC), (ABDC), (ACDB), (ADCB) qui, en appelant ρ la valeur du premier (ABCD), ont respectivement pour valeurs ρ, 1—ρ, $\frac{\rho-1}{\rho}$, $\frac{1}{\rho}$, $\frac{1}{1-\rho}$, $\frac{\rho}{\rho-1}$, ces valeurs sont représentées sur la figure 26 par $\frac{DA}{DM}$, $\frac{AM}{DM}$, $\frac{MA}{DA}$, $\frac{DM}{DA}$, $\frac{DM}{AM}$, $\frac{DA}{MA}$.

L'*équerre* n'a pas d'emploi.

Troisième construction. — Trouver par exemple M tel que $(ABCD) = \pm \frac{MB}{MA}$. Je trace (fig. 28) A (ρ), B (ρ) se coupant en γ et je trace γ (ρ) $(3C_1 + 3C_3)$ qui passe en A et en B, je trace la perpendiculaire au milieu *i* de AB en me servant des cercles tracés A (ρ), B (ρ), $(2R_1 + R_2)$. Cette perpendiculaire coupe le cercle γ (ρ) en C_1 et en C_2. Je trace CC_1 $(2R_1 + R_2)$, qui coupe γ (ρ) en O, DO $(2R_1 + R_2)$ qui coupe γ (ρ) en D_1,

D_1C_2 ($2R_1 + R_2$) qui coupe AB en M, on a

$$O(ABC_1D_1) = (ABCD)$$
$$O(ABC_1D_1) = C_2(ABC_1D_1) = (ABiM)$$
$$(ABiM) = \frac{iA}{iB} : \frac{MA}{MB} = -\frac{MB}{MA}$$

op. : ($8R_1 + 4R_2 + 3C_1 + 3C_3$) ; simplicité : 18 ; exactitude : 11 ; 4 droites, 3 cercles.

Si au lieu de tracer C_2D_1 pour avoir M, je trace C_1D_1 qui

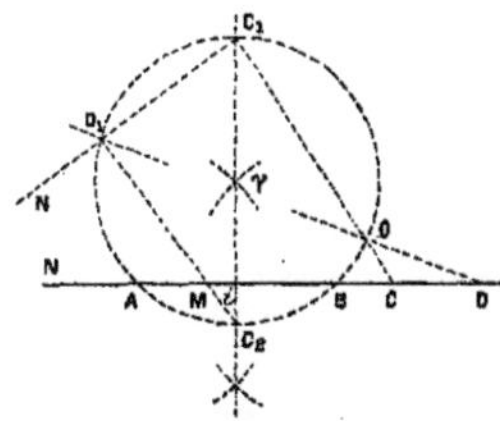

Fig. 28.

coupe AB en N, on aura $(ABCD) = O(ABC_1D_1) = C_1(ABC_1D_1)$ mais si l'on cherche l'intersection de ce faisceau avec AB, le point correspondant à C_1A sera A, à C_1B sera B, à C_1C le point à l'infini, sur AB, puisque la limite de OC, si O vient en C_1, est la tangente au cercle en C_1, le point correspondant à D_1 sera N, il restera donc $(ABCD) = +\frac{NB}{NA}$. On peut donc par le même symbole réduire (ABCD) à $-\frac{MB}{MA}$ ou à $+\frac{NB}{NA}$.

Remarques. — 1° Si C et D sont symétriques par rapport à i, on a $\frac{\overline{AC}^2}{\overline{AD}^2} = -\frac{MB}{AM} = +\frac{NB}{NA}$.

2° Comme D_1M est la bissectrice du triangle AD_1B, les distances de D_1 à A et à B sont dans le même rapport que AM et MB, de sorte que si l'on n'a besoin que de deux longueurs dans un rapport égal à (ABCD) sans que les segments soient sur AD, on pourra s'arrêter lorsque le point D_1 sera placé et obtenir ce rapport par op. : $(6 R_1 + 3 R_2 + 3 C_1 + 3 C_3)$; simplicité : 15 ; exactitude : 9 ; 3 droites, 3 cercles.

Quatrième construction. — Trouver M tel que $(ABCD) = \frac{DM}{DA}$. Si nous écrivons le rapport $(ABCD) = \frac{\left(\frac{CA.DB}{CB}\right)}{DA}$, on voit que le problème revient à trouver une quatrième proportionnelle à 3 droites données. Par B, je trace une droite quelconque $(R_1 + R_2)$ sur laquelle je prends $BN = BD$ $(2 C_1 + C_3)$; par A sans tracer CN je mène une parallèle à CN $(2 R_1 + R_2 + 5 C_1 + 2 C_3)$ qui coupe BN en M_1 ; NM_1 est la longueur cherchée, car $NM_1 = \frac{CA.DB}{CB}$. Je trace B (BM_1) $(2 C_1 + C_3)$ qui coupe BD dans le sens convenable en M, car $\frac{DM}{DA} = (ABCD)$; op. : $(3 R_1 + 2 R_2 + 9 C_1 + 4 C_3)$; simplicité : 18 ; exactitude : 12 ; 2 droites, 4 cercles.

Avec l'équerre. — Op. : $(R_1 + 2 R'_1 + E + 2 R_2 + 4 C_1 + 2 C_3)$; simplicité : 12 ; exactitude : 8 ; 2 droites, 2 cercles.

En écrivant le rapport anharmonique (ABCD) d'autres façons

$$\frac{\left(\frac{CA.DB}{DA}\right)}{CB}, \quad \frac{CA}{\left(\frac{CB.DA}{DB}\right)}, \quad \frac{DB}{\left(\frac{CB.DA}{CA}\right)}$$

on aurait, avec le même symbole, d'autres combinaisons de segments pour sa valeur.

LII. — **Etant donnés 4 points en ligne droite A, B, M, D, trouver sur la même ligne le point C : 1° tel que $(ABCD) = \frac{MB}{MA}$; 2° tel que $(ABCD) = \frac{DA}{DM}$.**

C'est la construction inverse de la construction précédente ; elle se résout avec les mêmes symboles en inversant quelques tracés ; il n'y a pas à insister.

LIII. — **Etant donnés trois points A, B, C en ligne droite et deux longueurs p, n (en grandeur et en signe), placer le point D sur AB tel que $(ABCD) = \frac{n}{p} \cdot \frac{CA}{CB}$.**

Je trace une droite quelconque passant par B $(R_1 + R_2)$; je place sur elle M et N tels que $BM = n$, $\overline{NM} = p$ ($6C_1 + 2C_3$); par M, sans tracer AN, je mène une parallèle à AN ($2R_1 + R_2 + 5C_1 + 2C_3$) qui coupe AB en D, en effet on a : (ABCD) $= \frac{CA}{CB} : \frac{DA}{DB} = \frac{CA}{CB} : \frac{p}{n} = \frac{n}{p} \cdot \frac{CA}{CB}$; op. : ($3R_1 + 2R_2 + 11C_1 + 4C_3$) ; simplicité : 20 ; exactitude : 14 ; 2 droites, 4 cercles.

Avec l'équerre on trouve Op. : ($R_1 + 2R' + E + 2R_2 + 6C_1 + 2C_3$).

Simplicité : 14 ; exactitude : 10 ; 2 droites, 2 cercles.

LIV. — **Etant donné quatre longueurs l, m, n, p, former une division anharmonique de quatre points A, B, C, D telle que (ABCD) $= \frac{l.n}{m.p}$.**

Construction géométrographique canonique. Je trace deux droites quelconques ($2R_2$) se coupant en un point que j'appelle A ; je trace A (l) ($3C_1 + C_3$) qui coupe la première droite en C ; je trace C (m) ($3C_1 + C_3$) qui coupe cette même droite dans le sens convenable en B ; je trace A (p) ($3C_1 + C_3$) qui coupe la seconde droite en δ, puis δ (n) ($3C_1 + C_3$) qui place sur cette droite un point β dans le sens convenable pour que j'aie $\frac{\delta\beta}{\delta A} = \frac{n}{p}$. Je trace par δ une parallèle à B β sans tracer B β ($2R_1 + R_2 + 5C_1 + 2C_3$), elle coupe AC en D, car $\frac{CA}{CB} : \frac{DA}{DB} = \frac{l.n}{m.p}$; op. : ($2R_1 + 3R_2 + 17C_1 + 6C_3$).

Simplicité : 28 ; exactitude : 19 ; 3 droites, 6 cercles.

Avec l'équerre, on trouverait : op. : ($2R'_1 + E + 3R_2 + 12C_1 + 4C_3$).

Simplicité : 22 ; exactitude : 15 ; 3 droites, 4 cercles.

LV. — **Etant donné deux longueurs m et n et deux points A et D, former sur la droite AD une division anharmonique (ABCD) $= \frac{m}{n}$.**

C'est le problème inverse du précédent.

Construction géométrographique. — Je trace par A une droite quelconque sur laquelle je prends, dans le sens convenable, suivant les signes de m et de n, $A\delta = n$, $\delta\beta = m$ ($R_1 + R_2 + 6C_1 + 2C_3$) ; je prends le milieu γ de Aβ ($2R_1 + R_2 + 2C_1 + 2C_3$) ; je trace δ D ($2R_1 + R_2$) ; par β je trace une droite quelconque $(R_1 + R_2)$ qui coupe AD en B, δD en O ; je trace Oγ $(2R_1 + R_2)$ qui coupe AD en C, on a $(ABCD) = (A\beta\gamma\delta) = \frac{\gamma A}{\gamma\beta} \cdot \frac{\delta\beta}{\delta A} = -\frac{m}{n}$; op. : $(8R_1 + 5R_2 + 8C_1 + 4C_3)$; simplicité : 25 ; exactitude : 16 ; 5 droites, 4 cercles. Pour chaque autre couple de points B′ C′ à placer, il faudrait $(3R_1 + 2R_2)$ de sorte que, pour placer n couples de points B, C, on aurait le symbole op. : $([3n + 5] R_1 + [2n + 3] R_2 + 8C_1 + 4C_3)$; simplicité : 5 $(n + 4)$; exactitude : $3n + 13$; $(2n + 3)$ droites, 4 cercles.

L'*équerre* n'a pas d'emploi.

LVI. — **Etant donnés trois points A, B, C sur une ligne droite, placer sur elle un point D tel que (ABCD) $= \frac{m}{n}$; m et n étant donnés en grandeur et en signe.**

Construction canonique. — Cette construction est une inverse de la construction (fig. 26). Je vais mener par C une droite quelconque $(R_1 + R_2)$ et placer sur elle les points β, δ, α de telle sorte que l'on ait $\beta\delta = m$, $\delta\alpha = n$. Pour cela je place sur la donnée m une longueur $\frac{m+n}{2}$ en portant n sur m dans le sens convenable $(3C_1 + C_3)$ et prenant le milieu de mn $(2R_1 + R_2 + 2C_1 + 2C_3)$. Je trace C $\left(\frac{m+n}{2}\right)$ $(3C_1 + C_3)$ qui place sur la droite menée par C les points α et β tels que $\beta\alpha = m + n$; je prends sur $\beta\alpha$ $\beta\delta = m$ $(3C_1 + C_3)$, alors $\delta\alpha = n$. Je trace Aα, Bβ $(4R_1 + 2R_2)$ qui se coupent en O. Je trace Oδ $(2R_1 + R_2)$ qui coupe AB en D, car on a O $(ABCD) = O(\alpha\beta C\delta) = \frac{C\alpha}{C\beta} : \frac{\delta\alpha}{\delta\beta} = -\frac{\delta\beta}{\delta\alpha} = \frac{\beta\delta}{\delta\alpha} = \frac{m}{n}$; op. : $(9R_1 + 5R_2 + 11C_1 + 5C_3)$.

Simplicité : 30 ; exactitude : 20 ; 5 droites, 5 cercles.

L'*équerre* n'a pas d'emploi.

LVII. — **Etant donnés 5 points en ligne droite A, B, C, D, C_1 déterminer, sur cette droite, le point B_1 tel que (ABCD) $=$ (AB_1C_1D).**

Construction géométrographique canonique. — Je trace par B et C deux droites quelconques se coupant en O $(2R_1 + 2R_2)$; je trace OD $(2R_1 + R_2)$; je trace par A une droite quelconque $(R_1 + R_2)$ qui coupe OB, OC, OD en β, γ, δ ; je trace γC_1 $(2R_1 + R_2)$ coupant OD en O′ ; je trace O′ β $(2R_1 + R_2)$ qui coupe AB en B_1, car (ABCD) = O ($A\beta\gamma\delta$) = O′ (AB_1C_1D). Op. : ($9R_1 + 6R_2$).

Simplicité : 15 ; exactitude : 9 ; 6 droites.

Cette construction revient à tracer les 2 faisceaux O (ABCD), O′ (AB_1C_1D) ayant même rapport anharmonique et un rayon commun O O′D ; les intersections des rayons homologues A, β, γ étant collinéaires, B_1 se trouve placé.

Pour chaque nouveau point C_i pour lequel on voudrait déterminer B_i de sorte que (ABCD) = (AB_iC_iD), j'aurai à tracer γC_i ($2R_1 + R_2$) coupant OD en O_i et à tracer $O_i\beta$ ($2R_1 + R_2$) coupant AB en B_i, par conséquent on obtiendra n points B_1, B_2, ... B_n correspondant à C_1, C_2,... C_n par op. : ([4 n + 5] R_1 + 2 [n + 2] R_2).

Simplicité $6n + 9$; exactitude : $4n + 5$; 2 (n + 2) droites.

L'*équerre* n'a pas d'emploi.

Autre construction. — Je fais passer un cercle par A et D ($3C_1 + 3C_3$) ; par C je trace une droite quelconque ($R_1 + R_2$) coupant la circonférence en O et en C'_1 ; je trace OB ($2R_1 + R_2$) coupant la circonférence en B'_1 ; je trace $C_1C'_1$ ($2R_1 + R_2$) coupant la circonférence en O′ ; je trace O′ B'_1 ($2R_1 + R_2$) qui coupe la droite AD en B ; op. : ($7R_1 + 4R_2 + 3C_1 + 3C_3$) ; simplicité : 17 ; exactitude : 10 ; 4 droites, 3 cercles. Pour placer n points B_i étant donnés n points C_i, le symbole serait op. : ([$4n + 3$] R_1 + 2 [$n + 1$] R_2 + $3C_1 + 3C_3$].

Simplicité : $6n + 11$; exactitude : $4n + 6$; 2 ($n + 1$) droites, 3 cercles.

L'*équerre* n'a pas d'emploi.

Si l'on a déjà dans la figure un cercle passant par deux des points A, B, C, D, A et D par exemple, cette construction devient la construction géométrographique parce qu'il faudra retrancher de son symbole ($3C_1 + 3C_3$), opérations nécessaires pour faire passer un cercle par A et D.

LVIII. — **On donne trois points A, B, C sur une circonférence et quatre points L, M, N, P en ligne droite, trouver sur le cercle le point D tel que, O étant un point quelconque de ce cercle, on ait O(ABCD) = (LMNP).**

Première construction. — Je trace AL ($2R_1 + R_2$) qui coupe le cercle en O. Je vais déterminer D en remarquant que les 2 faisceaux A (LMNP), O (ABCD) doivent avoir un rapport anharmonique égal, qu'ils ont un rayon homologue OA ou OL commun et que les trois autres points communs β, γ, δ aux rayons

OB, AM ; OC, AN ; OD, AP doivent donc être collinéaires... Je trace OB et AM qui placent β ($4R_1 + 2R_2$), OC et AN ($4R_1 + 2R_2$) qui placent γ, AP et β γ ($4R_1 + 2R_2$) qui placent δ, enfin O δ ($2R_1 + R_2$) qui place D sur le cercle, op. ; ($16R_1 + 8R_2$) ; simplicité : 24 ; exactitude : 16 ; 8 droites.

L'*équerre* n'a pas d'emploi.

Cas particulier. — Il arrive fréquemment que deux des points donnés, L et N par exemple, soient en A et en C sur le cercle, M et P étant alors sur AC. Le symbole de la construction dans ce cas est extrêmement simple : je trace BM ($2R_1 + R_2$) qui coupe le cercle en I ; je trace IP ($2R_1 + R_2$) qui coupe le cercle en D ; op. : ($4R_1 + 2R_2$) ; simplicité : 6 ; exactitude : 4 ; 2 droites. L (ABCD) = (AMCP) et il en est alors de même pour tout autre point du cercle que I.

Construction géométrographique. — Je trace AL qui coupe le cercle en O ($2R_1 + R_2$), OC ($2R_1 + R_2$), puis LB ($2R_1 + R_2$) qui coupe OC en γ, puis BM et γN ($4R_1 + 2R_2$) qui se coupent en I, puis IP ($2R_1 + R_2$) qui coupe LB en δ, enfin Oδ ($2R_1 + R_2$) qui coupe le cercle au point cherché D, car on a O (ABCD) = O (LBγδ) = (ABγδ) = I (LBγδ) = (LMNP) ; op. : ($14R_1 + 7R_2$).

Simplicité : 21 ; exactitude : 14 ; 7 droites.

L'*équerre* n'a pas d'emploi.

LIX. — Etant donnés trois points A, B, C en ligne droite, placer le conjugué harmonique A' de A par rapport à B et à C.

Construction avec la règle seule. — Je trace une droite quelconque passant par A ($R_1 + R_2$) et deux droites quelconques passant par B ($2R_1 + 2R_2$), l'une qui coupe en D la droite menée par A, l'autre qui coupe cette même droite en E ; je trace DC ($2R_1 + R_2$) qui coupe BE en D' ; je trace EC ($2R_1 + R_2$) qui coupe DB en E' ; je trace D'E' ($2R_1 + R_2$) qui coupe BC en A'. Car dans le quadrilatère CD'BE' la diagonale BC est coupée harmoniquement par les deux autres, par DE en A et par D'E' en A'.

Op. : ($9R_1 + 6R_2$) ; simplicité : 15 ; exactitude : 9 ; 6 droites. Chaque nouveau couple A_1, A'_1 de conjugués harmoniques se placerait par ($6R_1 + 3R_2$), n couples se placeraient par op. : ($3[2n + 1] R_1 + 3 [n + 1] R_2$) ; simplicité : $9n + 6$; exactitude : $3(2n + 1)$; $3(n + 1)$ droites.

Construction géométrographique. — Je suppose d'abord A entre B et C.

Si par C et B je trace CE et BD parallèles et de même sens, la longueur BD étant égale à AB et la longueur CE à CA, la droite DE coupera BC au point A'. Pour réaliser cela je tracerai les parallèles énoncées par B et C inclinées de 60° sur BC.

Je trace B (BA), A (BA) ($3\,C_1 + 2\,C_3$): la pointe étant en A, je prends AC dans le compas et je trace C(AC), β(AC) ($3C_1 + 2C_3$), β étant le point ou C(AC) recoupe BC. Soit D le point d'intersection de B (BA), A (BA) et E le point d'intersection de C (AC), β (AC) situé du même côté de BC que D. Je trace DE ($2R_1 + R_2$) qui coupe BC en A'. Si A est extérieur à BC, je prends E de l'autre côté de BC que D. Op. : ($2R_1 + R_2 + 6C_1 + 4C_3$) ; simplicité : 13 ; exactitude 8 ; 1 droite, 4 cercles.

Pour placer les conjugués harmoniques de n points le symbole serait, pour n impair, op. : ($2n\,R_1 + n\,R_2 + [5n + 1]\,C_1 + 4n\,C_3$) ; simplicité : $12\,n + 1$; exactitude : $7\,n + 1$; n droites, $4n$ cercles ; pour n pair il serait le même diminué de $1C_1$. Pour $n = 2$ la première et la seconde construction s'équivalent, mais dès que l'on veut placer plus de 2 couples de points conjugués la première devient la construction géométrographique ; ainsi pour $n = 10$ la première a pour simplicité 96, la seconde 120.

LX. — **Etant donnés sur une droite deux couples de points A et A', B et B' d'une involution, placer le centre O de l'involution ou point central.**

Construction géométrographique. — Je puis toujours prendre une ouverture ρ de compas assez grande pour que, en faisant les opérations suivantes : tracer A(ρ), A'(ρ) ($2C_1 + 2C_3$) qui se coupent en α, α (ρ) ($C_1 + C_3$) ; tracer B (ρ), B' (ρ) ($2C_1 + 2C_3$) qui se coupent en β, β(ρ) ($C_1 + C_3$), les deux cercles se rencontrent en P et Q ; je trace PQ ($2\,R_1 + R_2$) qui coupe AB en O ; op. : ($2R_1 + R_2 + 6C_1 + 6C_3$) ; simplicité : 15 ; exactitude : 8 ; 1 droite, 6 cercles.

L'*équerre* n'a pas d'emploi.

LXI. — **Etant donnés sur une droite deux couples de points A et A', B et B' d'une involution, placer les points doubles ω, ω' que je suppose devoir être réels.**

Construction géométrographique. — Je place le centre O de l'involution ($2R_1 + R_2 + 6C_1 + 6C_3$). Soit A' celui des deux points A et A' qui est le plus éloigné de O, je trace A' (A'O) ($2C_1 + C_3$) qui coupe AO en O', puis A (A'O) ($C_1 + C_3$) qui coupe OA en H de l'autre côté de O que A, puis H (A'O) (C_1+C_3) qui coupe A' (A'O) en K et K'; je trace O (OK) ($2C_1+C_3$) qui place ω et ω' sur OA ; en effet si je traçais KK' coupant OA en C, on aurait dans le triangle OKO' rectangle en K $\overline{OK}^2$ ou $\overline{O\omega}^2 = OC.OO' = \frac{OA}{2}.2OA' = OA.OA'$. Op. : ($2R_1 + R_2 + 12\ C_1 + 10\ C_3$) ; simplicité : 25 : exactitude : 14 ; 1 droite, 10 cercles.

L'*équerre* n'a pas d'emploi.

LXII. — **Etant donnés deux couples *a, a'*; *b, b'* de points sur une droite et 1° un point *c* sur cette même droite, placer le point *c'* tel que *a, a'*; *b, b'*; *c, c'* soient en involution ; 2° des points *c, d, e*,... sur cette même droite, placer les points *c', d', e'*... de l'involution *a, a'*; *b, b'*; *c, c'*; *d, d'*;...**

Première construction. — Donnons d'abord le *tracé* indiqué ordinairement d'une façon classique (voir, par exemple, le *Traité de Géométrie* de Rouché et Comberousse, 7ᵉ édition, p. 389).

Je trace par *a, b, a', b'*, 4 droites se coupant en un même point O ($6R_1 + 4R_2$) ; je trace un cercle quelconque passant par O ($C_1 + C_3$), il est coupé par O*a*, O*b*, O*a'*, O*b'* en a_1, b_1 a'_1, b'_1 ; je trace $a_1 a_1'$, $b_1 b_1'$ ($4R_1 + 2R_2$) qui se coupent en ω...

1° Pour trouver l'homologue *c'* d'un point *c*, ces opérations préliminaires étant faites, je trace O*c* ($2R_1 + R_2$) qui coupe le cercle tracé en c_1 ; je trace $c_1\omega$ ($2R_1 + R_2$) qui coupe le cercle en c'_1 ; je trace enfin Oc'_1 ($2R_1 + R_2$) qui coupe la base de l'involution en *c'*; op. : ($16\ R_1 + 9\ R_2 + C_1 + C_3$) ; simplicité : 27 ; exactitude : 17 ; 9 droites, 1 cercle.

2° Pour chaque point nouveau *d'* à placer j'aurai, de même que pour *c'*, ($6R_1 + 3R_2$) à exécuter. Donc pour placer *n* points *c', d', e'*... j'aurai : op. : ($2\ [3n+5]\ R_1 + 3\ [n+2]\ R_2 + C_1 + C_3$) ; simplicité : $9n + 18$; exactitude : $6n + 11$; $3(n+2)$ droites, 1 cercle.

Construction géométrographique. — Je m'appuie sur le théorème suivant. *Si sur les divers segments a a', b b', c c'... formés par chaque couple de points homologues, on décrit des circonférences passant toutes par un même point O quelconque extérieur à la base, les circonférences ont un second point commun O_1 et leur corde commune coupe la base au point central.*

Je décris 2 circonférences passant l'une par *a* et *a'*, l'autre par *b* et *b'* ($6C_1 + 6C_3$), elles se coupent en O et O_1.

1° Je trace le cercle passant par les points O, c, O_1 $(4 R_1 + 2 R_2 + 5C_1 + 4 C_3)$; il coupe la base en c'. Op. : $(4R_1 + 2R_2 + 11 C_1 + 10 C_3)$; simplicité : 27 ; exactitude : 15 ; 2 droites, 10 cercles.

2° Ayant tracé comme précédemment les deux cercles $aa'O$, $bb'O$ $(6C_1 + 6C_3)$, je prends dans le compas un rayon ρ quelconque supérieur à la moitié de la plus grande des distances du point O aux points $c, d, e\ldots$ je trace $O(\rho)$ $O_1(\rho)$ $(2C_1 + 2C_3)$ et leur intersection $(2R_1 + R_2)$ qui est la perpendiculaire au milieu de OO_1.

Ces opérations préliminaires faites, pour placer le point homologue d'un des n points c, d, $e\ldots$, c' par exemple homologue de c, je trace $c(\rho)$ $(C_1 + C_3)$ qui coupe $O(\rho)$ suivant la perpendiculaire au milieu de Oc, je la trace $(2R_1 + R_2)$; elle coupe en γ la perpendiculaire élevée au milieu de OO_1 ; je trace $\gamma(\gamma c)$ $(2C_1 + C_3)$ qui coupe la base en c'. Chaque point c' exigera donc $(2R_1 + R_2 + 3C_1 + 2C_3)$ et pour les n points on aura : op. : $(2[n+1] R_1 + [n+1] R_2 + [3n+8] C_1 + 2[n+4] C_3)$; simplicité : $8n + 19$; exactitude : $5(n+2)$; $(n+1)$ droites, $2(n+4)$ cercles.

Les deux tracés s'équivalent géométrographiquement pour $n = 1$, mais pour $n > 1$ le second prend l'avantage.

LXIII. — **Étant donné un point A sur une droite BC, placer sur cette droite les points A_1 tels que l'on ait $\frac{AB}{AC} = \pm \frac{\overline{A_1B}^2}{\overline{A_1C}^2}$.**

Construction géométrographique. — 1er *cas.* A est extérieur à BC. — Je détermine (fig. 29) la moyenne proportionnelle entre AB et AC par la méthode géométrographique, c'est-àdire que je trace C (CA), B (CA) qui coupe BC en C_1, C_1 (CA) qui coupe C (CA) en α $(4C_1 + 3C_3)$; αA ou αB, qu'il n'y a pas besoin de tracer, est la moyenne proportionnelle entre AB et AC ; je trace A $(A\alpha)$ $(2C_1 + C_3)$ qui coupe BC en A_1 et A'_1 points cherchés.

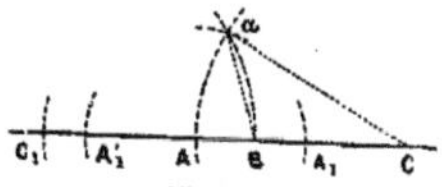

Fig. 29.

En effet si l'on considère le triangle αBC et que l'on appelle A_1 et A'_1 les pieds sur BC des bissectrices intérieure et extérieure de l'angle α, le cercle décrit sur $A_1 A'_1$ comme diamètre et dont j'appelle A le centre aura pour rayon la moyenne proportionnelle entre AB et AC et passera par α, c'est le cas où nous nous trouvons ; comme αA_1 est la bissectrice de α, on a : $\frac{BA_1}{A_1C} = \frac{B\alpha}{C\alpha} = \frac{AA_1}{AC}$ puisque $B\alpha = AA_1$ et $C\alpha = CA$ et en élevant au carré $\frac{\overline{A_1B}^2}{\overline{A_1C}^2} = \frac{\overline{AA_1}^2}{\overline{AC}^2} = \frac{AC.AB}{\overline{AC}^2} = \frac{AB}{AC}$.

Op. : $(6C_1 + 4C_3)$; simplicité : 10 ; exactitude : 6 ; 4 cercles.

2e *Cas*. A est intérieur à BC.

Il faut chercher le conjugué harmonique A′ de A par rapport à B et à C $(2R_1 + R_2 + 6C_1 + 4C_3)$ et opérer sur A′ qui rentre dans le premier cas $(6C_1 + 4C_3)$; op. : $(2R_1 + R_2 + 12C_1 + 8C_3)$; simplicité : 23 ; exactitude : 14 ; 1 droite, 8 cercles.

LXIV. — **Une division homographique étant déterminée sur une circonférence par trois couples de points correspondants *a*, *a′* ; *b*, *b′* ; *c*, *c′*, placer les points doubles O, O′.**

Construction géométrographique. — Je trace $a'b$, ab' qui se coupent en J $(4R_1 + 2R_2)$; $a'c$, ac' qui se coupent en H $(4R_1 + 2R_2)$; je trace JH $(2R_1 + R_2)$ qui coupe la circonférence aux points doubles O et O′. Op. : $(10R_1 + 5R_2)$; simplicité : 15 ; exactitude : 10, 5 droites.

L'*équerre* n'a pas d'emploi.

LXV. **Une division homographique étant déterminée sur une droite par les trois couples *a*, *a′* ; *b*, *b′* ; *c*, *c′* de points correspondants, placer sur la droite les points doubles O et O′.**

Première construction. — Par c je fais passer une circonférence quelconque $(C_1 + C_3)$; je trace par a une ligne quelconque $(R_1 + R_2)$ qui coupe la circonférence en M et en a_1 ; je trace Mb, Ma', Mb', Mc' $(8R_1 + 4R_2)$ qui coupent la circonférence respectivement en b_1, a'_1, b'_1, c'_1 ; je cherche sur le cercle les points doubles O_1, O'_1 de la division où les couples de points correspondants sont a_1, a'_1 ; b_1, b'_1 ; c_1, c'_1 $(10R_1 + 5R_2)$; je trace MO_1, MO'_1 $(4R_1 + 2R_2)$ qui coupent la droite donnée en O et O′. Op. : $(23R_1 + 12R_2 + C_1 + C_3)$; simplicité : 37 ; exactitude : 24 ; 12 droites, 1 cercle.

Construction géométrographique. — Traçons (fig. 30) une droite arbitraire aY et portons sur elle $a\beta = a'b'$ $a\gamma = a'c'$; soit L l'intersection de $b\beta$ et de γc ; on voit que si par L je trace une sécante quelconque qui coupe aa'X en m, aY en μ et que je prenne sur aX, $a'm' = a\mu$, les points m et m' formeront un nouveau couple de l'homographie, car $(abcm) = (a\beta\gamma\mu) = (a'b'c'm')$. Les deux points de ce couple m, m' se confondront et deviendront l'un des points doubles O ou O' lorsque $a'm = a\mu$; mais alors m et μ sont deux points homologues des systèmes égaux (a', b', c'), (a, β, γ). De sorte que la construction des points O, O' est ramenée à déterminer sur aX et sur aY dans les deux systèmes égaux (a', b', c'), (a, β, γ) deux points homologues E, ε tels

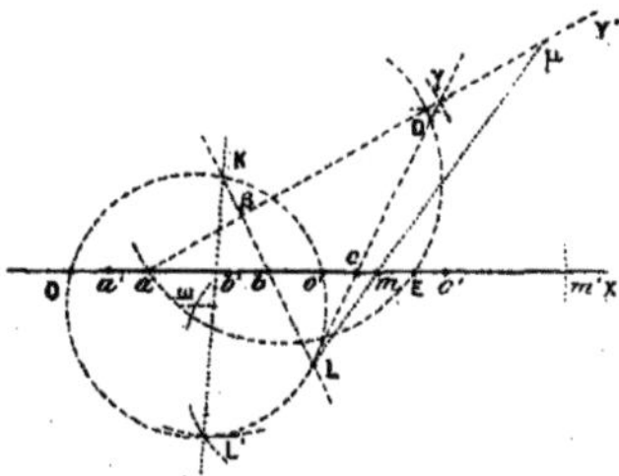

Fig. 30.

que Eε passe par L. Pour cela, considérons L comme lié au système (a, β, γ) et construisons l'homologue L' de L dans le système égal (a', b', c'); L' c'est celle des intersections des deux cercles b' (βL), c' (γL) qui donne $b'c'$L' directement égal à $\beta\gamma$L.

Les deux droites L'E, LεE sont homologues dans les deux systèmes égaux et leur angle L'EL est égal à XaY ou à L'KL, en appelant K l'intersection de L'b' et de Lβ. Donc E est sur le cercle KLL' et les points doubles O, O' sont à l'intersection de aX avec le cercle.

Pour exécuter géométrographiquement la construction, il faut prendre XaY = 30° car alors, si ω est le centre du cercle KLL', ωLL' est un triangle équilatéral, on l'obtient par L (LL'), L' (LL') et le cercle KLL' est ω (LL').

Détail géométrographique de la construction. — Je fais passer par a un cercle arbitraire $(C_1 + C_3)$ et, à partir de sa seconde intersection E avec aX, je porte sur lui une corde ED égale au rayon $(C_1 + C_3)$; je trace aD $(2R_1 + R_2)$, c'est la droite aY telle que XaY = 30°. Je place sur aY les points β, γ au moyen des cercles $a(a'b')$, $a(a'c')$ $(6C_1+2C_3)$; je trace $b\beta$, $c\gamma$ $(4R_1+2R_2)$ qui placent L; les cercles $b'(\beta L)$, $c'(\gamma L)$ $(6C_1+2C_3)$ placent L'; les cercles L (LL'), L' (LL') $(3C_1+2C_3)$ placent ω et le tracé de ω (LL') (C_1+C_3) place O et O' sur aX. Op. : $(6R_1+3R_2+18C_1+9C_3)$; simplicité : 36; exactitude : 24; 3 droites, 9 cercles.

Cette construction est due à M. E. Bernès; au point de vue géométrographique elle n'a qu'une très légère supériorité sur la première construction, mais elle est nouvelle au point de vue géométrique et fort ingénieuse.

LXVI. — **Deux divisions homographiques étant déterminées sur deux droites L, L' par les trois groupes de points homologues a, a'; b, b'; c, c' placer les points limites I et J'.**

Construction géométrographique canonique. — Par a je trace une droite quelconque (R_1+R_2) sur laquelle je prends $ab'_1=a'b'$, $b'_1c'_1=b'c'$ $(6C_1+2C_3)$; je trace bb'_1, cc'_1 $(4R_1+2R_2)$ se coupant en O; par O je trace une parallèle à ab'_1 $(2R_1+R_2+4C_1+2C_3)$ qui coupe ab en I; je trace a' (Ia) $(3C_1+C_3)$ qui coupe ab en J' dans le sens convenable. Op. : $(7R_1+4R_2+13C_1+5C_3)$; simplicité : 29; exactitude : 20; 4 droites, 5 cercles.

Avec *l'équerre* on trouverait op. : $(5R_1+2R'_1+E+4R_2+9C_1+3C_3)$; simplicité : 24; exactitude : 17; 4 droites, 3 cercles.

Cette construction s'applique sans modifications si les deux droites L, L' coïncident.

Si les deux droites L et L' sont parallèles, on peut opérer plus simplement. Je trace ab', $a'b$ $(4R_1+2R_2)$ se coupant en β; ac', $a'c$ $(4R_1+2R_2)$ se coupant en γ; je trace $\beta\gamma$ $(2R_1+R_2)$ qui coupe ab en I, $a'b'$ en J'. Op. : $(10R_1+5R_2)$; simplicité : 15; exactitude : 10; 5 droites.

L'*équerre* n'a pas d'emploi.

Problèmes relatifs a la similitude. Centres de similitude de deux circonférences, axes de similitude de trois circonférences. Points doubles de deux figures directement ou symétriquement semblables.

LXVII. — **Placer les centres de similitude de deux circonférences O et O'.**

Construction géométrographique canonique. — Je trace OO' $(2R_1$

$+ R_2$) qui coupe O en A et B et O′ en A′, B′, AB et A′B′ ayant le même sens. Je trace B (BO) ($2C_1 + C_3$) qui coupe O en D au-dessus de OO′ ; je trace A (BO) ($C_1 + C_3$) qui coupe O en D_1 au-dessous de OO′ ; je trace B′ (B′O′) ($2C_1 + C_3$) qui coupe O′ en D′ au-dessus de OO′. Je trace DD′ ($2R_1 + R_2$) qui place sur OO′ le centre S de similitude directe ; je trace D_1D' ($2R_1 + R_2$) qui place sur OO′ le centre S_1 de similitude symétrique. Op. : ($6R_1 + 3R_2 + 5C_1 + 3C_3$) ; simplicité : 17 ; exactitude : 11 ; 3 droites, 3 cercles. Si l'on n'avait à déterminer qu'un seul des centres de similitude, on le ferait par op. : ($4R_1 + 2R_2 + 4C_1 + 2C_3$) ; simplicité : 12 ; exactitude : 8 ; 2 droites, 2 cercles.

Construction géométrographique avec l'équerre. — Je trace OO′ ($2R_1 + R_2$), une droite quelconque passant par O ($R_1 + R_2$) ; puis une parallèle à cette droite passant par O′ ($2R'_1 + E + R_2$) ; j'aurai les deux centres par le tracé de deux droites ($4R_1 + 2R_2$) ; op. : ($7R_1 + 2R'_1 + E + 5R_2$) ; simplicité : 15 ; exactitude : 10 ; 5 droites. Si je ne voulais qu'un des centres je n'aurais à tracer qu'une des deux dernières droites ; op. : ($5R_1 + 2R'_1 + E + 4R_2$) ; simplicité : 12 ; exactitude : 8 ; 4 droites ; le symbole ne serait pas plus simple que pour la construction canonique.

LXVIII — **Tracer les quatre axes de similitude de trois circonférences O, O′, O″.**

Construction géométrographique canonique. — Je trace OO′, O′O″, O″O ($6R_1 + 3R_2$) ; OO′ coupe O et O′ en A, B, A′, B′, AB et A′B′ étant de même sens que OO′ ; O″O coupe O″ en B″ dans le sens OO″. Je trace O (O″B″) ($3C_1 + C_3$) qui coupe OO″ en C et OO′ en D ; je trace B″ (CD) ($3C_1 + C_3$) qui coupe O″ en β, O″β que je ne trace pas étant ainsi parallèle à OO′ et de même sens. Je trace A′β et B′β ($4R_1 + 2R_2$) qui placent, sur O′O″, ω_a et ω'_a centres de similitude symétrique et directe des cercles O′ et O″ ; je trace Aβ ($2R_1 + R_2$) qui place sur OO″ le centre ω_b de similitude symétrique de O et de O″ ; je trace $\omega'_a\, \omega_b$ ($2R_1 + R_2$), c'est un axe de similitude ; $\omega'_a\omega_b$ coupe OO′ en ω_c, je trace $\omega_c\, \omega_a$ ($2R_1 + R_2$), c'est un autre axe de similitude ; je trace $\omega_a\, \omega_b$ ($2R_1 + R_2$) qui coupe OO′ en ω'_c, c'est un troisième axe de similitude ; enfin je trace $\omega'_c\, \omega'_a$ ($2R_1 + R_2$) c'est le quatrième axe de similitude. Op. ($20R_1 + 10R_2 + 6C_1 + 2C_3$) ; simplicité : 38 ; exactitude : 26 ; 10 droites, 2 cercles.

Construction géométrographique avec l'équerre. — Op. ($20R_1 + 2R'_1 + E + 11R_2$) ; simplicité : 34 ; exactitude : 23 ; 11 droites.

LXIX. — **Etant donnés trois points A,B,C d'une figure et les deux points A',B' homologues de A et de B d'une autre figure directement ou symétriquement semblable à la première, placer le point C' de la seconde homologue de C de la première.**

Première construction. — Je trace BC, CA, AB, A'B' ($8R_1 + 4R_2$) et je fais en A' et en B' des angles C'A'B', C'B'A' égaux à CAB et à CBA respectivement ($4R_1 + 2R_2 + 10C_1 + 6C_3$).

Op. : ($12R_1 + 6R_2 + 10C_1 + 6C_3$) ; simplicité : 34 ; exactitude : 22 ; 6 droites, 6 cercles. Il faut placer les angles C'A'B', C'B'A' du même côté de A'B' et de façon que la similitude de ABC et de A'B'C' soit, suivant la demande, directe ou symétrique.

Construction géométrographique. — Je trace AB ($2R_1 + R_2$) et A (B'A') ($3C_1 + C_3$) qui coupe AB en A_1. Je place le sommet γ du parallélogramme $A_1AC\gamma$, pour cela je trace C (B'A') ($C_1 + C_3$) et A_1 (CA) ($2C_1 + C_3$) en mettant la longueur CA dans le compas pendant que la pointe est sur C pour tracer C (B'A') ; A (CA) coupe C (B'A') en γ ; je trace BC, $A_1\gamma$ ($4R_1 + 2R_2$) qui se coupent en C_1 ; je trace B' (CC_1), A' (γC_1) ($6C_1 + 2C_3$) qui se coupent au point C' ; on obtient ainsi en même temps l'homologue direct et l'homologue symétrique ; op. : ($6R_1 + 3R_2 + 12C_1 + 5C_3$) ; simplicité : 26 ; exactitude : 18 ; 3 droites, 5 cercles.

L'emploi de *l'équerre* ne donne pas d'économie.

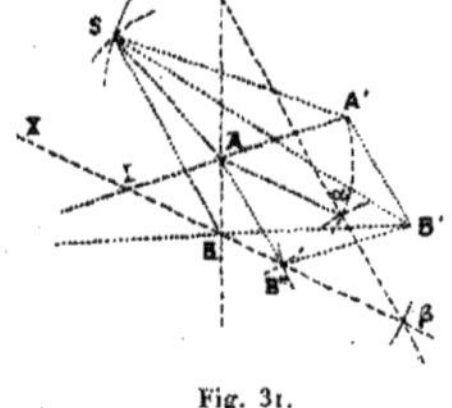

Fig. 31.

LXX. — **Placer le point double de deux figures semblables définies par deux couples (A,A'), (B,B') de points homologues.**

Construction géométrographique canonique. — Dans tout ce qui suit on ne suppose pas AB, A'B' tracés ; comme données, seuls les points A,A', B,B' sont placés sur l'épure.

1° Similitude directe. — On obtient (fig. 31) le point cherché S comme sommet de deux triangles ABS, A'B'S directement semblables. Pour cela il suffira de construire le triangle AA'S directement semblable au triangle BB''A où AB'' est équipollent à A'B'. On a déjà $\frac{AS}{AB} = \frac{A'S}{A'B'}$, il faut prouver l'égalité directe des angles $\widehat{SAB}$, $\widehat{SA'B'}$. Soit I le point de rencontre de A'A et de B''BX, on a : $\widehat{SAB} = \widehat{SAI} + \widehat{IAB} = \widehat{ABI} + \widehat{IAB}$, car $\widehat{SAI}$ et $\widehat{ABI}$ ont pour supplément les angles égaux $\widehat{SAA'}$, $\widehat{ABB''}$. Or $\widehat{ABI} + \widehat{IAB} = \widehat{AIX}$, donc $\widehat{SAB} = \widehat{AIX}$; mais dans le triangle IAB'' on a $\widehat{AIX} = \widehat{IAB''} + \widehat{AB''I} = \widehat{AA'B'} + \widehat{SA'A} = \widehat{SA'B'}$, donc $\widehat{SAB} = SA'B'$. Pour rendre la démonstration indépendante des particularités de la figure on peut raisonner ainsi, les angles étant considérés en grandeur et en signe à $2k\pi$ près. (MP,NQ) désignera l'angle que fait la direction MP avec la direction NQ.

(AS,AB) = (AS,AA') + (AA',AB) = (AB,B''B) + (AA',AB) = (AA',B''B). Or (AA',B''B) = (AA',B''A) + (B''A,B''B) = (AA',A'B') + (A'S,A'A) = (A'S,A'B').

Donc (AS,AB) = (A'S,A'B').

Détail de la construction. — Je trace A (A'B') $(3C_1 + C_3)$, puis A (AA') $(C_1 + C_3)$, puis B' (AA') $(C_1 + C_3)$ qui coupe A (A'B') en B''; B'' est le quatrième sommet du parallélogramme AA'B'B''; je trace BB'' $(2R_1 + R_2)$ et sur BB'' je prends, au moyen du cercle B'' (AA') $(C_1 + C_3)$, le point β tel que B''β = AA' dans le sens BB''. Pendant que la pointe est en B'', je prends B''A dans le compas (C_1) et je trace β (B''A) $(C_1 + C_3)$ qui coupe A (AA') en α, quatrième sommet du parallélogramme βB''Aα. Je trace βα, BA $(4R_1 + 2R_2)$ qui se coupent en S' et je construis sur AA' le triangle AA'S *directement égal* à AαS' par les deux cercles A (AS'), A' (αS') $(5C_1 + 2C_3)$. S est le point cherché, car les deux triangles SA'B', SAB sont directement semblables puisque par construction on a : $\frac{S'\alpha}{\alpha\beta}$ ou $\frac{SA'}{A'B'} = \frac{S'A}{AB}$ ou $\frac{SA}{AB}$ et que les angles SA'B' et SAB sont égaux. En effet on a :

$$\widehat{SAB} = 180 - \widehat{SAS'} = 180 - \widehat{\alpha AA'} = 180 - (\widehat{A'AB''} - \widehat{\alpha AB''}) = \widehat{AA'B} + \widehat{A\alpha S'} = \widehat{AA'B'} + \widehat{AA'S} = \widehat{SA'B'}$$

Op. : $(6R_1 + 3R_2 + 13C_1 + 7C_3)$; simplicité : 29 ; exactitude : 19 ; 3 droites, 7 cercles.

Avec l'*équerre*, aussitôt le point B'' déterminé, on tracerait la parallèle $A\alpha$ à BB'', puis la parallèle $\alpha S'$ à AB'' et on arriverait au symbole op. : $(2R_1 + 4R'_1 + 2E + 3R_2 + 10C_1 + 5C_3)$; simplicité 26 ; exactitude : 18 ; 3 droites, 5 cercles.

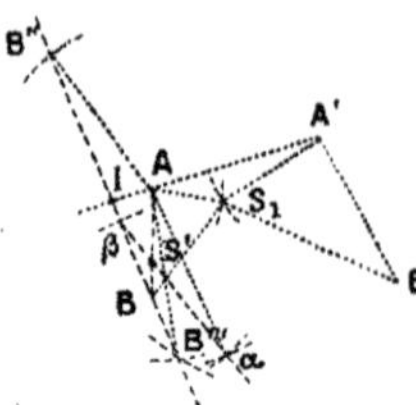

Fig. 32.

2° Similitude symétrique. — On obtient (fig. 32) le point cherché S_1 comme sommet de deux triangles ABS_1, $A'B'S_1$ inversement semblables. Pour cela, ayant placé B''' symétrique de B' par rapport à la perpendiculaire élevée au milieu de AA' et considéré le triangle isocèle $AB'''B''$ dont la base $B'''B''$ passe par B, je place le point double symétrique S_1 comme sommet du triangle $AA'S_1$ *directement* semblable à $BB''A$. La démonstration est toute semblable à la précédente. Comme on a par la construction $\frac{S_1A}{S_1A'} = \frac{AB}{AB'' = A'B'}$ ou $\frac{S_1A}{AB} = \frac{S_1A'}{A'B'}$, il suffira de démontrer que les angles S_1AB, $S_1A'B'$ sont inversement égaux, c'est-à-dire que $\widehat{S_1AB} = \widehat{B'A'S_1}$. Soit I le point où BB''' coupe AA', on a : $\widehat{S_1AB} = \widehat{A'AB} - \widehat{A'AS_1} = \widehat{A'AB} - \widehat{IBA} = \widehat{AIB}$; or dans le triangle IAB''' on a $\widehat{AIB} = \widehat{A'AB'''} - \widehat{IB'''A} = \widehat{B'A'A} - \widehat{S_1A'A} = \widehat{B'A'S_1}$, donc $\widehat{S_1AB} = \widehat{B'A'S_1}$. En raisonnant indépendamment de la figure, on a $(AS_1, AB) = (AS_1, AA') + (AA', AB) = (AB, B''B) + (AA', AB) = (AA', B''B)$; or $(AA', B''B) = (AA', AB''') + (AB''', B''B) = (A'B'_1, A'A) + (BB'', AB'') = (A'B'_1, A'A) + (A'A, A'S_1) = (A'B', A'S_1)$.

Donc $(AS_1, AB) = (A'B', A'S_1)$.

Remarque. — Les triangles $BB''A$ des deux constructions pour obtenir S et S_1 peuvent présenter le même sens de rotation, alors S et S_1 sont du même côté de AA'.

Détail de la construction. — Je place B''' par l'intersection des cercles A' (AB'), A $(A'B')$ $(5C_1 + 2C_3)$; je trace A (AA') $(C_1 + C_3)$, puis BB''' $(2R_1 + R_2)$ qui coupe A $(A'B')$ en B'' ; je place β sur $B''B$ par B'' (AA') $(C_1 + C_3)$ et je place le sommet

α du parallélogramme $AB''\alpha\beta$ en prenant $B''A$ dans le compas pendant que la pointe est en B'' et traçant $\beta(B''A)$ $(2C_1 + C_3)$; je trace AB, $\beta\alpha$ $(4R_1 + 2R_2)$ qui se coupent en S' et je place le sommet S_1 du triangle $AA'S_1$ ***directement égal*** à $A\alpha S'$ par le tracé des 2 cercles $A'(\alpha S')$, $A(AS')$ $(5C_1 + 2C_3)$.

Pour justifier la construction il suffira de faire observer que pour placer S_1 nous avons démontré qu'il faut construire $AA'S_1$ directement semblable à $BB''A$; mais $A\alpha S'$ et $BB''A$ sont directement semblables, puisque $\widehat{BB''A} = \widehat{A\alpha S'}$ dans le parallélogramme $AB''\beta\alpha$ et que $\widehat{ABB''} = \widehat{S'A\alpha}$ comme alternes internes, donc j'aurai le même point S_1 en construisant, sur AA', $AA'S_1$ directement égal à $A\alpha S'$.

Op. : $(6R_1 + 3R_2 + 14C_1 + 7C_3)$; simplicité : 30; exactitude : 20; 3 droites, 7 cercles.

Avec l'*équerre*, après avoir déterminé β, on tracerait par ce point une parallèle à AB'' et on aurait le symbole op. : $(4R_1 + 2R'_1 + E + 3R_2 + 12C_1 + 6C_3)$; simplicité 28; exactitude : 19; 3 droites, 6 cercles.

Remarques. — Les deux solutions d'où résultent les deux constructions que nous venons de donner se concluent, sauf la définition de B'', de la même façon, comme on l'a vu : construire sur AA' un triangle $AA'S$ ou $AA'S_1$ directement semblable à $BB''A$; mais il est bon d'observer que, tandis que pour S il peut être construit aussi bien sur BB' que sur AA', il n'en est pas de même pour S_1. Dans le cas particulier où AB''' a la même direction que AB, S_1 est le point qui partage AA' dans le rapport $-\frac{AB}{A'B'}$, on y pourrait ramener le cas général en substituant à A et à A' deux points analogues C, C' tels que CC' soit perpendiculaire à la bissectrice de l'angle des deux droites AB, $A'B'$. Si $AB\,B'A'$ est inscriptible, S_1 est la rencontre de AB', BA' et on peut encore y ramener le cas général en substituant à B, B' deux points homologues β, β' tels que $A\beta\beta'A'$ soit inscriptible; on pourrait aussi rabattre AB sur AA' en Ab et faire tourner $A'B'$ du même angle en sens contraire, $A'b'$ étant la nouvelle position de $A'B'$ on pourrait au couple B, B' substituer le couple b, b', mais la construction dérivée de ces théorèmes est plus compliquée et celle que nous avons donnée reste la construction géométrographique.

Dans les deux constructions AS ou AS_1 est tangent au cercle

AIB, cette remarque procurerait encore un moyen de placer S ou S_1.

Théorèmes sur les positions relatives de S et de S_1. — *Soient O le point de rencontre de AB, A'B', G et H les homologues de O considéré successivement comme appartenant à A'B' et à AB, S_1 est le centre du cercle d'Apollonius relatif au sommet O du triangle OGH, S est la projection de S_1 sur la symédiane issue de O dans le même triangle.*

Cette symédiane étant la polaire de S_1 relativement au cercle OGH, on a $\frac{S_1G}{S_1H} = \left(\frac{AB}{A'B'}\right)^2$.

La droite GH sur laquelle est S_1 passe aussi par le point commun à AB' et à BA' et par les symétriques de O relativement aux milieux de AA' et de BB'.

SO, SS_1 sont les bissectrices de l'angle GSH et celui-ci est le double de l'angle AOA'.

SS_1 et OS sont perpendiculaires.

De là encore diverses constructions de S et de S_1. Nous tenons les remarques et les théorèmes qui précèdent de M. Evariste Bernès.

Autre construction du centre S. — Elle s'appuie sur ce théorème : O étant l'intersection de AB et de A'B', S est le point commun aux deux cercles OAA', OBB'. On trace AB, A'B ($4R_1 + 2R_2$) et les cercles OAA', OBB' ($8R_1 + 4R_3 + 9C_1 + 7C_3$).

Op. : ($12R_1 + 6R_2 + 9C_1 + 7C_3$) ; simplicité : 34 ; exactitude : 21 ; 6 droites, 7 cercles.

Construction simultanée des points S et S_1. — On a $\frac{SA}{SA'} = \frac{SB}{SB'} = \frac{BA}{A'B'}$, S est donc à l'intersection du cercle lieu des points tels que $\frac{SA}{SA'} = \frac{AB}{A'B'}$ et du cercle lieu des points tels que $\frac{SB}{SB'} = \frac{AB}{A'B'}$.

Mais on a aussi $\frac{S_1A}{S_1A'} = \frac{S_1B}{S_1B'} = \frac{AB}{A'B'}$, donc S_1 est aussi à l'intersection de ces deux mêmes cercles. S est donc l'un des points de cette intersection, celui pour lequel SAB et SA'B' sont directement semblables, S_1 est l'autre point pour lequel S_1AB et $S_1A'B'$ sont symétriquement semblables. Le symbole de cette construction est :

Op. : $(12R_1 + 6R_2 + 20C_1 + 14C_3)$; simplicité : 52 ; exactitude : 32 ; 6 droites, 14 cercles ; mais ce n'est pas la construction géométrographique, pour obtenir ensemble S et S_1 il est facile d'arriver à un coefficient de simplicité moindre, en utilisant les constructions précédentes et les théorèmes énoncés.

Il est à remarquer que la distinction de S et de S_1 se fait immédiatement *à la vue* dans la construction simultanée que nous venons de donner de ces deux points, mais ce n'est pas un critérium géométrique ; en voici un qui nous a été signalé par M. Laisant et qui est une conséquence des très remarquables théorèmes qu'il a énoncés dans son ouvrage *Théorie et applications des équipollences*, 1887, p. 179.

Si deux figures planes sont symétriquement semblables et si A, A′ sont deux points correspondants, divisons les segments AA′ en α suivant le rapport de similitude $\frac{a}{a'} = \frac{A\alpha}{\alpha A'}$ *; soit α′ le conjugué harmonique de α par rapport à AA′.*

1° Tous les points α sont sur une droite.

2° Tous les points α′ sont sur une droite perpendiculaire à la première.

Voici le critérium qui s'en déduit :

Pour construire les lieux dont l'intersection donne S et S_1 j'ai dû placer sur AA′ les deux points α, α′ tels que $\frac{A\alpha}{\alpha A'} = \frac{AB}{A'B'}$, $\frac{A\alpha'}{\alpha' A'} = -\frac{AB}{A'B'}$ et sur BB′ les deux points β, β′ tels que $\frac{B\beta}{\beta B'} = \frac{AB}{A'B'}$, $\frac{B\beta'}{\beta' B'} = -\frac{AB}{A'B'}$; des deux points S et S_1 il y en a un sur α′β′, c'est le centre de similitude symétrique S_1.

Il est à peine besoin de remarquer que la *méthode* géométrographique s'applique à toutes les études de construction que l'on peut imaginer avec des instruments autres que la règle, le compas et l'équerre et nous l'avons indiqué en commençant cette étude ; il suffit de prendre des symboles nouveaux pour diriger les opérations élémentaires faites pour les tracés avec le nouvel instrument admis, mais je reviens cependant en quelques mots sur le sujet pour dire que la méthode géométrographique s'applique même à des instruments fictifs que les géomètres peuvent avoir intérêt à considérer dans leurs spéculations. J'en choisirai un exemple dans l'admirable travail de M. D. Hilbert, *Grundlagen der Geometrie*, publié par les soins du Comité du Monument de Gauss-Weber à Göttingen. M. Hilbert divise dans six des derniers chapitres les solutions des problèmes canoniques en deux catégories : 1° celles qui obligent à se servir du compas pour un usage autre que celui-ci : prendre une longueur dans le compas et transporter cette longueur sur une droite ; 2° celles qui ne se servent du compas *que de cette façon*. Dans notre notation géométrographique rien ne peut distinguer ces catégories puisque l'opération du transport d'un segment sur une droite se représente par op. : $(3C_1 + C_3)$ ou op. : $(2C_1 + C_2 + C_3)$ et que, en géométrographie comme dans les raisonnements de la géométrie, un cercle est toujours supposé tracé en entier, même quand on en utilise seulement le petit arc de cercle nécessaire pour couper la droite en transportant le segment. M. Hilbert imagine un instrument fictif qu'il appelle *Streckenübertrager* (transporteur de segments) et s'occupe des constructions qui peuvent s'exécuter avec la *règle* et le *transporteur de segments* à l'exclusion du compas. Il montre que, par exemple, le problème de Malfatti est parmi celles-là, mais que le problème d'Apollonius (cercles tangents à trois cercles donnés) ne peut se faire avec la règle et le transporteur seul, qu'il exige le *tracé* effectif de cercles. Il est clair qu'en appelant par exemple T_1 le symbole de la prise de la longueur d'un segment avec l'instrument et T_2 ou T'_2 le transport sur une droite à partir d'un point placé ou d'un point indéterminé on peut facilement faire l'analyse géométrographique des constructions où ce nouvel élément est en usage, et pour retrouver notre symbole il suffira de remplacer les T_1 par $2C_1$, T_2 par $C_1 + C_3$ et T'_2 par $C_2 + C_3$.

On peut même aller plus loin et faire pour l'espace une géométrographie *absolument spéculative* en donnant des noms à des instruments fictifs pour décrire des plans, ou des sphères, mais nous ne pouvons entrer ici dans des développements sur le sujet. (Voir : *C. R. de l'Académie des Sciences de Paris*, 3 déc. 1900, et *Association française pour l'avancement des Sciences*, Paris, 1900).

APPENDICE

Pendant l'impression de cet ouvrage, M. le colonel Moreau m'a fait remarquer que le symbole de la construction donnée par M. Tarry pour tracer les quatre tangentes communes à deux cercles (constr. XXXVII, fig. 12) peut être diminué de $1C_3$ en déterminant ω au moyen des cercles O(OD′) et O′(OD′), parce que ce dernier cercle place en même temps le point J dont on a besoin par la suite. Le symbole de la construction géométrographique devient alors op. : $(12R_1 + 6R_2 + 10C_2 + 6C_3)$; simplicité : 34 ; exactitude : 22 ; 6 droites, 6 cercles.

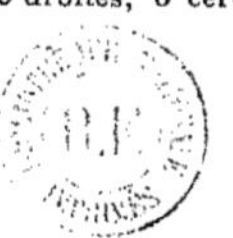

ÉVREUX, IMPRIMERIE DE CHARLES HÉRISSEY

SCIENTIA

Exposé et Développement des questions scientifiques à l'ordre du jour

RECUEIL PUBLIÉ SOUS LA DIRECTION DE

MM. APPELL, D'ARSONVAL, HALLER, LIPPMANN, MOISSAN, POINCARÉ, POTIER, Membres de l'Institut,

Pour la Partie Physico-Mathématique

ET DE

MM. D'ARSONVAL, FOUQUÉ, GAUDRY, GUIGNARD, MAREY, Membres de l'Institut; HENNEGUY, Professeur au Collège de France,

Pour la Partie Biologique

Chaque fascicule comprend de 80 à 100 pages in-8° écu, avec cartonnage spécial.

Prix du fascicule.......................... **2** francs

On peut souscrire à une série de 6 fascicules (*Série Physico-Mathématique* ou *Série Biologique*) au prix de **10** francs.

A côté des revues périodiques spéciales, enregistrant au jour le jour le progrès de la Science, il nous a semblé qu'il y avait place pour une nouvelle forme de publication, destinée à mettre en évidence, par un exposé philosophique et documenté des découvertes récentes, les idées générales directrices et les variations de l'évolution scientifique.

A l'heure actuelle, il n'est plus possible au savant de se spécialiser; il lui faut connaître l'extension graduellement croissante des domaines voisins : mathématiciens et physiciens, chimistes et biologistes ont des intérêts de plus en plus liés.

C'est pour répondre à cette nécessité que, dans une série de monographies, nous nous proposons de mettre au point les questions particulières, nous efforçant de montrer le rôle actuel et futur de telle ou telle acquisition, l'équilibre qu'elle détruit ou établit, la déviation qu'elle imprime, les horizons qu'elle ouvre, la somme de progrès qu'elle représente.

Mais il importe de traiter les questions, non d'une façon dogmatique, presque toujours faussée par une classification arbitraire, mais dans la forme vivante de la raison qui débat pas à pas le problème, en détache les inconnues et l'inventorie avant et après sa solution, dans l'enchaînement de ses aspects et de ses conséquences. Aussi, indiquant toujours les voies multiples que suggère un fait, scrutant les possibilités logiques qui en dérivent, nous efforcerons-nous de nous tenir dans le cadre de la méthode expérimentale et de la méthode critique.

Nous ferons, du reste, bien saisir l'esprit et la portée de cette nouvelle collection, en insistant sur ce point, que la nécessité d'une publication y sera toujours subordonnée à l'opportunité du sujet.

Série Physico-Mathématique.

(Adresser les Communications à M. Ad. Buhl).

1. Poincaré (H.). *La théorie de Maxwell et les oscillations hertziennes.*
2. Maurain (Ch.). *Le magnétisme du fer.*
3. Freundler (P.). *La stéréochimie.*
4. Appell (P.). *Les mouvements de roulement en dynamique.*
5. Cotton (A.). *Le phénomène de Zeemann.*
6. Wallerant (Fr.). *Groupements cristallins; propriétés et optique.*
7. Laurent (H.). *L'élimination.*
8. Raoult (F.-M.). *Tonométrie.*
9. Décombe (L.). *La célérité des ébranlements de l'éther.*
10. Villard (P.). *Les rayons cathodiques.*
11. Barbillion (L.). *Production et emploi des courants alternatifs.*
12. Hadamard (J.). *La série de Taylor et son prolongement analytique.*
13. Raoult (F.-M.). *Cryoscopie.*

14. Macé de Lépinay (J.). *Franges d'interférences et leurs applications métrologiques.*
15. Barbarin (P.). *La géométrie non euclidienne.*
16. Néculcéa (E.). *Le phénomène de Kerr.*
17. Andoyer (H.). *Théorie de la lune.*
18. Lemoine (E.). *Géométrographie.*
19. Carvalho (E.). *L'électricité déduite de l'expérience et ramenée aux principes des travaux virtuels.*
20. Laurent (H.). *Sur les principes fondamentaux de la Théorie des nombres et de la géométrie.*

Série Biologique.

(Adresser les Communications à M. le Dr Langlois)

1. Bard (L.). *La spécificité cellulaire.*
2. Le Dantec (F.). *La Sexualité.*
3. Frenkel (H.). *Les fonctions rénales.*
4. Bordier (H.). *Les actions moléculaires dans l'organisme.*
5. Arthus (M.). *La coagulation du sang.*
6. Mazé (P.). *Évolation du carbone et de l'azote.*
7. Courtade (D.). *L'irritabilité dans la série animale.*
8. Martel (A.). *Spéléologie.*
9. Bonnier (P.). *L'orientation.*
10. Griffon (Ed.). *L'assimilation chlorophyllienne et la structure des plantes.*
11. Bohn (G.). *L'évolution du pigment.*
12. Costantin (J.). *Hérédité acquise.*
13. Mendelssohn (M.). *Les phénomènes électriques chez les êtres vivants.*
14. Imbert (A.). *Mode de fonctionnement économique de l'organisme.*
15-16. Levaditi (C.). *Le leucocyte et ses granulations.*

Série Physico-Mathématique.

No 1. — La Théorie de Maxwell et les oscillations hertziennes, par H. Poincaré, de l'Institut.

TABLE DES MATIÈRES

Chap. II. **La théorie de Maxwell.** — Rapports entre la lumière et l'électricité. Courants de déplacement. Nature de la lumière.

Chap. III. **Les oscillations électriques avant Hertz.** — Expériences de Feddersen. Théorie de lord Kelvin. Comparaisons diverses. Amortissement.

Chap. IV. **L'excitateur de Hertz.** — Découverte de Hertz. Principe de l'excitateur. Diverses formes d'excitateurs. Rôle de l'étincelle. Influence de la lumière. Emploi de l'huile. Valeur de la longueur d'onde.

Chap. V. **Moyens d'observation.** — Principe du résonateur. Fonctionnement du résonateur. Divers modes d'emploi de l'étincelle. Procédés thermiques. Procédés mécaniques. Comparaison des divers procédés. Radioconducteurs.

Chap. VI. **Propagation le long d'un fil.** — Production des perturbations dans un fil. Mode de propagation. Vitesse de propagation et diffusion. Expériences de MM. Fizeau et Gonnelle. Diffusion du courant. Expériences de M. Blondlot.

Chap. VII. **Mesure des longueurs d'onde et résonance multiple.** — Ondes stationnaires. Résonance multiple. Autre explication. Expériences de Garbasso et Zehnder. Mesure de l'amortissement. Expériences de Strindberg. Expériences de MM. Pérot et Jones. Expériences de M. Décombe.

Chap. VIII. **Propagation dans l'air.** — L'experimentum crucis. Expériences de Karlsruhe. Expériences de Genève. Emploi du petit excitateur. Nature des radiations.

Chap. IX. **Propagation dans les diélectriques.** — Relation de Maxwell. Méthodes dynamiques. Méthodes statiques. Résultats. Corps conducteurs. Electrolytes.

Chap. X. **Production des vibrations très rapides.** — Ondes très courtes. Excitateur de Righi. Résonateurs. Excitateur de Bose. Récepteur de Bose.

Chap. XI. **Imitation des phénomènes optiques.** — Conditions de l'imitation. Interférences. Lames minces. Ondes secondaires. Diffraction. Polarisation. Polarisation par réflexion. Réfraction. Réflexion totale. Double réfraction.

Chap. XII. **Synthèse de la lumière.** — Synthèse de la lumière. Autres différences. Explication des ondes secondaires. Remarques diverses.

N° 2. — **Le Magnétisme du Fer,** par Ch. Maurain, ancien élève de l'École normale supérieure, agrégé des Sciences physiques, docteur ès sciences.

TABLE DES MATIÈRES

Introduction. — Définitions.

Chapitre premier. **Phénomènes généraux.** — Courbes d'aimantation. Procédés de mesure. Étude des particularités des courbes d'aimantation. Influence de la forme. Champ démagnétisant. Aimantation permanente.

Chap. II. **Étude particulière du fer, de l'acier et de la fonte.**

Chap. III. **Aimantation et temps.** — Influence des courants induits. Retard dans l'établissement de l'aimantation elle-même. Aimantation anormale. Aimantation par les oscillations électriques.

Chap. IV. **Énergie dissipée dans l'aimantation.** — Influence de la rapidité de variation. Loi de Steinmetz. Variation de la dissipation d'énergie avec la température. Hystérésis dans un champ tournant.

Chap. V. **Influence de la température.**

Chap. VI. **Théorie du Magnétisme.**

N° 3. — **La Stéréochimie,** par P. Freundler, docteur ès sciences, chef de travaux pratiques à la Faculté des sciences de Paris.

TABLE DES MATIÈRES

N° 4. — **Les Mouvements de roulement en dynamique,** par P. Appell, de l'Institut.

TABLE DES MATIÈRES

d'appliquer directement les équations de Lagrange au nombre minimum des paramètres.

I. Sur les mouvements de roulement.

II. Sur certains systèmes d'équations aux différentielles totales.

N° 5. — Le Phénomène de Zeeman, par A. Cotton, maître de conférences de physique à l'Université de Toulouse.

TABLE DES MATIÈRES

N° 6. — Groupements cristallins, par Fréd. Wallerant.

TABLE DES MATIÈRES

N° 7. — L'Élimination, par H. Laurent, examinateur à l'École polytechnique.

TABLE DES MATIÈRES

N° 8. — Tonométrie, par F.-M. Raoult, membre correspondant de l'Institut. Doyen de la Faculté des sciences de Grenoble.

TABLE DES MATIÈRES

N° 9. — La Célérité des ébranlements de l'éther, par L. Décombe, docteur ès sciences.

TABLE DES MATIÈRES

Chap. II. **Histoire de l'éther.** — *Lumière :* Théorie de l'émission.— Théorie des ondulations. — Principe d'Huygens. — Principe de Young. — Travaux de Fresnel. — Expérience de Foucault. — Périodes de vibrations. *Chaleur :* Théorie de l'émission. Calorique. — Rayons de différentes espèces. — Spectre calorique. — Unité du spectre. — Radiations chimiques. — Analogies optiques. — Nature de la chaleur. — Limites extrêmes du spectre. *Électricité :* Polarisation rotatoire magnétique. Nombre v de Maxwell. — Théorie électromagnétique de la lumière.

Chap. III. **Les oscillations hertziennes.** — Formule de Thomson. — Champs oscillants. — Expériences de Feddersen. — Excitateur. — Excitateur de Hertz. — Excitateur de Lodge. — Excitateur de Blondlot. — Résonateur. — Propagation le long d'un fil. — Transparence électromagnétique. — Réflexion métallique. — Réfraction. — Interférences électromagnétiques. — Interférences dans l'espace. — Interférences le long des fils. — Expériences de Righi. — Polarisation. — Double réfraction. — Télégraphie sans fils. — Radioconducteur de Branly. — Conclusions.

Chap. IV. **La formule de Newton.** — Hypothèses. — Centre de vibration. — Ondes sphériques. — Transversalité des vibrations. — Ondes planes.— Formule de Newton. — Influence du milieu. — Théorie de Fresnel. — Théorie de Neumann et de Mac-Cullagh. — Réfraction. — Dispersion.— Cas des phénomènes électriques. — Pouvoir inducteur spécifique. — Perméabilité magnétique.

Chap. V. **La vitesse de la lumière.** — Essais de Galilée. — Les Académiciens de Florence. — Observations de Rœmer. — Calculs de Delambre. — Aberration. — Méthodes physiques. — Méthodes de la roue Dentée. — Expériences de Fizeau. — Expériences de M. Cornu. — Expériences de Young et Forbes. — Méthode du miroir tournant. — Expériences de Foucault. — Expériences de Fizeau et Breguet. — Expériences de Foucault. — Expériences de Micheson. — Expériences de Newcomb.

Chap. VI. **La vitesse de l'électricité.** — Premiers essais. — Principe du miroir tournant. — Expérience de Wheastone. — Méthode des longitudes. — Expériences de Fizeau et Gounelle. — Expériences de Guillemin et Burnouf. — Expériences de Siemens. — Examen critique des méthodes précédentes.

Chap. VII. **La vitesse de propagation de l'onde électromagnétique.** — Expériences de Blondlot 1893. — Expériences de Blondlot 1891. — Mesures directes. — Difficultés. — Expériences de Duane et de Trowbrige. — Expériences de Saunders. — Conclusion.

Chap. VIII. **La dispersion dans le vide.** — Considérations générales. — Observation des satellites de Jupiter. — Observation des étoiles variables. — Observation de MM. Young et Forbes. — Observation des étoiles orbitales. — Principe de Döppler-Fizeau. — Analyse spectrale. — Remarque de M. Tikhoff. — Conclusion.

Chap. IX. **L'éther de Maxwell.** — Constitution de l'éther. — Théorie de Maxwell. — Tourbillons moléculaires. — Déplacement électrique. — Courant électrique. — Courants d'induction. — Vitesse de propagation. — Nombre v de Maxwell. — Théorie électromagnétique de la lumière. — Dispersion dans le vide. — Interférences.

N° 10. — Les Rayons cathodiques, par P. Villard, docteur ès sciences.

TABLE DES MATIÈRES

N° 11. — Production et Emploi des courants alternatifs, par L. Barbillion, docteur ès sciences.

TABLE DES MATIÈRES

N° 12. — La Série de Taylor et son prolongement analytique, par Jacques Hadamard.

TABLE DES MATIÈRES

N° 13. — **Cryoscopie,** par F.-M. Raoult, membre correspondant de l'Institut, doyen de la Faculté des sciences de Grenoble.

TABLE DES MATIÈRES

N° 14. — **Franges d'interférence et leurs applications métrologiques,** par J. Macé de Lépinay, professeur à la Faculté des sciences de Marseille.

TABLE DES MATIÈRES

N° 15. — La Géométrie non euclidienne, par P. BARBARIN.

TABLE DES MATIÈRES

N° 16. — Le Phénomène de Kerr, par E. NÉCULCÉA.

TABLE DES MATIÈRES

N° 17. — **Théorie de la lune,** par H. ANDOYER, professeur adjoint à la Faculté des sciences de l'Université de Paris.

TABLE DES MATIÈRES

N° 18. — **Géométrographie** ou art des constructions géométriques, par E. LEMOINE.

TABLE DES MATIÈRES

N° 19. — L'Électricité déduite de l'expérience et ramenée aux principes des travaux virtuels, par M.-E. Carvallo, docteur ès sciences, agrégé de l'Université, examinateur de mécanique à l'École polytechnique.

TABLE DES MATIÈRES

N° 20. — Sur les principes fondamentaux de la théorie des nombres et de la géométrie,

par H. Laurent, examinateur à l'École polytechnique.

TABLE DES MATIÈRES

Série Biologique.

Nº 1. — **La Spécificité cellulaire,** ses conséquences en biologie générale, par L. Bard, professeur à la Faculté de médecine de Lyon.

TABLE DES MATIÈRES

N° 2. — La Sexualité, par Félix Le Dantec, docteur ès sciences.

TABLE DES MATIÈRES

N° 3. — Les Fonctions rénales, par H. Frenkel, professeur agrégé à la Faculté de médecine de Toulouse.

TABLE DES MATIÈRES

N° 4. — **Les Actions moléculaires dans l'organisme,** par H. Bordier, professeur agrégé à la Faculté de médecine de Lyon.

TABLE DES MATIÈRES

N° 5. — **La Coagulation du sang**, par

Maurice Arthus, professeur de physiologie et de chimie physiologique à l'Université de Fribourg (Suisse).

TABLE DES MATIÈRES

N° 6. — **Évolution du Carbone et de l'Azote dans le monde vivant**, par P. Mazé, ingénieur-agronome, docteur ès sciences, préparateur à l'Institut Pasteur.

TABLE DES MATIÈRES

Chap. II. **Origines de l'azote organique.** — Nutrition azotée des plantes. Intervention de l'azote libre. Formation des composés quaternaires dans les végétaux supérieurs.

Chap. III. **Dégradation de la matière organique.** — Rôle des animaux. Rôle des infiniment petits.

N° 7. — L'Irritabilité dans la série animale,

par le Dr Denis Courtade, ancien interne des hôpitaux, ancien chef de laboratoire à la Faculté de médecine, lauréat de l'Institut.

TABLE DES MATIÈRES

N° 8. — La Spéléologie ou science des cavernes,

par E.-A. Martel.

TABLE DES MATIÈRES

Chap. III. **Mode d'action des eaux souterraines.** — Érosion. Corrosion. Pression hydrostatique.

Chap. IV. **Circulation des eaux dans l'intérieur des terrains fissurés.** — Absorption par les crevasses, pertes et abimes. Confusion de la nomenclature. Emmagasinement dans les réservoirs des cavernes et les rivières souterraines. Leur extension en hauteur et longueur. Absence des nappes d'eau. Issue des eaux par les sources.

Chap. V. **Les abimes. Leur origine.** — Puits d'érosion. Orgues géologiques. Théorie geysérienne. Effondrements. Jalonnement. Dolines. Vallées inachevées. Désobstruction des fonds d'abimes.

Chap. VI. **Les rivières souterraines. Leur pénétration.** — Aspects divers selon les fissures. Appauvrissement des eaux actuelles. Dessèchement de l'écorce terrestre. Obstacles des rivières souterraines. Siphons. Pression hydrostatique. Tunnels naturels.

Chap. VII. **L'issue des rivières souterraines. Les sources. Les résurgences.** — Les sources siphonantes. Sources pérennes, intermittentes, temporaires. Les trop-pleins. Variations et crues des rivières souterraines. L'évaporation souterraine. Explosions de sources. Age du creusement des cavernes. Sable croulant. Éruptions de tourbières.

Chap. VIII. **Contamination des rivières souterraines.** — L'empoisonnement des résurgences par les abimes. La source? de Sauve. Expériences à la fluorescéine.

Chap. IX. **La spéléologie glaciaire.** — Écoulements de l'eau sous les glaciers. Poches et débâcles intra-glaciaires. Exploration des moulins et crevasses. Grottes naturelles sous la glace.

Chap. X. **Météorologie souterraine.** — Pression atmosphérique. Irrégularité des températures des cavernes et des résurgences. Application à l'hygiène publique. Acide carbonique des cavernes. Gaz de décomposition organique.

Chap. XI. **Glacières naturelles.** — Influence prépondérante du froid de l'hiver sur leur formation. Trous à vent. Puits à neige.

Chap. XII. **Relations des cavités naturelles avec les filons métallifères.** — Substances minérales rencontrées dans les cavernes. Blue-John-Mine. Pseudomorphoses. Les phosphates.

Chap. XIII. **Les concrétions. Stalactites et stalagmites.** — Calcite, aragonite, ktypéite. Mondmche. Perles des cavernes. Stalagmites d'argile. Eaux perçantes. Influence des eaux courantes, temporaires, stagnantes. Les gours. Les tufs : leur formation et leurs dangers. Le remplissage des cavernes.

Chap. XIV. **Travaux pratiques.** — Désobstruction de pertes. Dessèchement de marais. Recherches de réservoirs naturels. Désobstruction d'abimes. Reboisement. Indications pour les travaux publics. Expériences scientifiques diverses. Recherches paléontologiques.

Chap. XV. **Préhistoire. Archéologie. Ethnographie.**

Chap. XVI. **Faune et Flore souterraines.** — Les animaux aveugles. Leur origine. Leur existence. Modification de leurs organes. Les chauves-souris. La flore des abimes. Conclusions.

N° 9. — **L'Orientation,** par le Dr Pierre Bonnier.

TABLE DES MATIÈRES

N° 10. — **L'Assimilation chlorophyllienne et la structure des plantes,** par Ed. Griffon, ingénieur-agronome, docteur ès sciences.

TABLE DES MATIÈRES

N° 11. — **L'Évolution du Pigment,** par le Dr G. Bohn, agrégé des Sciences naturelles, préparateur à la Sorbonne.

TABLE DES MATIÈRES

N° 12. — **L'Hérédité acquise,** ses conséquences horticoles, agricoles et médicales, par M.-J. COSTANTIN.

TABLE DES MATIÈRES

N° 13. — Les Phénomènes électriques chez les êtres vivants, par Maurice Mendelssohn.

TABLE DES MATIÈRES

N° 14. — **Mode de fonctionnement économique de l'organisme,** par le docteur A. IMBERT, professeur à la Faculté de médecine de l'Université de Montpellier, membre correspondant de l'Académie de médecine.

TABLE DES MATIÈRES

Considérations générales. — Causes diverses qui influent sur la dépense d'énergie du moteur animé et qui dépendent de la volonté. Raccourcissement musculaire. Antagonisme des muscles. Positions relatives des leviers osseux. Forme des muscles et mode d'excitation.

Actes mécaniques généraux. — Procédé d'appréciation propre à l'organisme. Conditions d'observation. L'adulte et l'enfant ; le sujet en état de santé et le malade. Les pêcheuses d'Haughton. Les travaux de Marey sur la locomotion. L'apprentissage des sports.

Les muscles antagonistes. — Opinions de Winslow, de Duchenne (de Boulogne), de Pettigrew. Travaux de Beaunis, de Demeny, de P. Richer. Indications fournies par la considération des muscles droits internes et externes du globe oculaire. Recherches de *Sherrington* et de Topolanski. Faits cliniques correspondants. Loi générale du fonctionnement des muscles antagonistes.

Adaptation des muscles à un fonctionnement économique. — Travaux de Haughton. Insuffisance des considérations tirées de la mécanique des corps inertes. Recherches de J. Guérin, de W. Roux, de Marey sur l'adaptation fonctionnelle des muscles. Travaux de Weiss. Caractères physiologiques de la question. Topographie de l'innervation musculaire ; inégalité de l'excitation des diverses fibres d'un même muscle.

L'énergétique animale d'après l'œuvre de Chauveau. — L'énergie physiologique et ses variations avec le raccourcissement et avec la charge. Les travaux connexes. Le travail d'excitation neuromusculaire. La multiplicité des causes de dépense d'énergie par le moteur animé. Étude de quelques actes mécaniques en tenant compte de ces diverses dépenses. La contraction balistique de P. Richer ; les mouvements du globe oculaire. Soutien d'un poids suspendu à la main et soutien du poids du corps à la barre du trapèze.

CONCLUSIONS.

N°s 15-16. — **Le Leucocyte et ses granulations,** par le Dr C. LEVADITI, chef du Laboratoire de bactériologie et d'anatomie pathologique de l'hôpital Brancovano (Bucharest), lauréat de l'Institut (Académie des

Sciences). Avec une préface par le professeur Paul Ehrlich, directeur de l'Institut de thérapeutique expérimentale de Francfort-sur-le-Mein.

TABLE DES MATIÈRES

Paris. — Imp. E. Capiomont et Cie, rue de Seine, 57.

www.ingramcontent.com/pod-product-compliance
Ingram Content Group UK Ltd.
Pitfield, Milton Keynes, MK11 3LW, UK
UKHW020323250726
13967UKWH00004B/1835